▲ 吴甘霖在清华大学卓越商道与创新经营总裁班讲授《方法总比问题多》

▲ 《方法总比问题多》成为中国移动各地公司最受欢迎的课程之一

▲ “方法总比问题多”走进许多大型国有企业

▼ 吴甘霖作为主讲嘉宾在中国培训论坛做方法讲座

▼ 《方法总比问题多》火爆各地，媒体纷纷报道该书及吴甘霖有关讲座

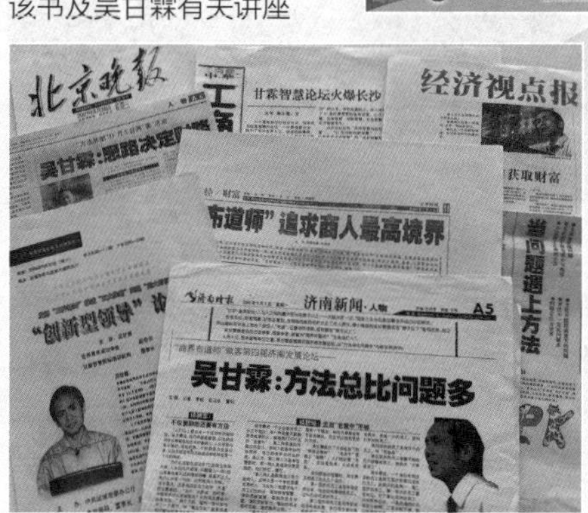
北京晚报

经济视点报

甘霖智慧论坛火爆长沙

获取财富

“布道师”追求商人最高境界

“创新型领导”

济南新闻

A5

吴甘霖：方法总比问题多

当问题遇上方法

▲ 《方法总比问题多》成为中国航天等单位打造创新团队的首选课程

▲ 吴甘霖与创新思维之父德波诺交流思维智慧

▲ 《方法总比问题多》成为许多单位团队建设核心课

▲ 大学生也热捧方法课，吴甘霖受母校武汉大学邀请开设有关讲座

◄ 吴甘霖开设思维方法训练讲座，吸引惠普（中国）公司人力资源总监等各方人士参加

▲ 《方法总比问题多》一时成为各书店最畅销的图书之一

通威人

高举方法大旗

问题无处不在

细节的尊严与尊重

当问题遇上方法

PK

▲ 上市公司通威集团将“方法总比问题多”作为企业文化建设核心理念之一，以多种方式讨论学习

▲ 云南职业经理人培训中心邀请吴甘霖进行财富思维讲座

方法总比问题多

学会像方法高手一样思考

吴甘霖 著

机械工业出版社
CHINA MACHINE PRESS

《方法总比问题多》是曾经影响一代读者职业启蒙的方法学著作，“百万册纪念版”在第1版基础上进行了大量升级和改写，增加了许多充满闪光点的新故事、新方法，对解决困扰当下年轻人的低效努力、成长瓶颈、内卷焦虑等问题，有非常直接的启发意义和指导价值。

本书倡导“只为成功找方法，不为失败找借口”的核心理念，作者所提供的各种方法，旨在帮助读者提高效率，并能将问题和困难转变为机遇，变“不可能”为“可能”，创造出生活和工作中的“奇迹”。

图书在版编目（CIP）数据

方法总比问题多：百万册纪念版／吴甘霖著.
—北京：机械工业出版社，2022.9
ISBN 978-7-111-71440-8

Ⅰ.①方… Ⅱ.①吴… Ⅲ.①成功心理-通俗读物
Ⅳ.①B848.4-49

中国版本图书馆CIP数据核字（2022）第150694号

机械工业出版社（北京市百万庄大街22号 邮政编码100037）
策划编辑：李新妞　　　　责任编辑：李新妞
责任校对：史静怡 王 延　　责任印制：李 昂
北京联兴盛业印刷股份有限公司印刷

2022年9月第1版·第1次印刷
148mm×210mm·8.5印张·2插页·200千字
标准书号：ISBN 978-7-111-71440-8
定价：68.00元

电话服务
客服电话：010-88361066
010-88379833
010-68326294

网络服务
机工官网：www.cmpbook.com
机工官博：weibo.com/cmp1952
金书网：www.golden-book.com
机工教育服务网：www.cmpedu.com

做变不可能为可能的方法高手

《方法总比问题多》要出“百万册纪念版”了，在感恩广大读者厚爱的同时，不由想与大家回顾一下这本书产生的过程、在各方面的影响，以及新版的特点和价值，从而给大家提供更好的阅读借鉴，以期在运用中产生更理想的效果。

10多年前，我应邀在清华大学、北京大学等总裁班及各地进行讲座。在交流过程中，不少学员都反映这么一个问题：“我们有足够的勇气，也能吃苦，但总是感觉遇到瓶颈。估计是脑子不够好使吧？老师，你能不能研究一下，给我们开设一个提升思维方法、让我们更聪明的课程啊？”

我觉得这些学员反映的需求很有普遍性，在一定程度上也反映了我国缺少方法学教育的现状。与此同时，对思维方式，我之前就有不少研究，并出版过《天才思维》等著作。本来还想直接以我研究的思维方式，针对他们的需求开发思维课程，但总觉得缺少一点什么。

直到有一天，我到一家创造了传奇故事的企业参观，在车间门口，看到贴着这样两句话：

“只要精神不滑坡，方法总比问题多。”

我的心灵一下就被点亮了。我觉得，我们大多数人缺少的，固然是具体的方法，但更缺乏的，是一种主动去找方法解决问题的精神。

遇到问题，许多人的第一念头，就是“这不行”“解决不了”。而大脑的“诡秘”机制是：当你产生“我不行”这个念头，就会自动为自己找出千百个不愿意去做的借口，导致该做的事情没有做成，该解决的问题无法解决。

“只要精神不滑坡，方法总比问题多”这句话的核心，是要有一种“不滑坡”的“精神”。那么，落实到与方法的关联上，什么才是“不滑坡”的精神呢？

可以总结为这么一个理念：

“只为成功找方法，不为失败找借口。”

于是，我将这作为核心理念，结合许多典型案例和方法，写作并由机械工业出版社出版了《方法总比问题多》一书。

该书出版后，有些出人意料，不仅成为全国优秀畅销图书（社科类）和影响企业管理的十大团购图书，而且我本人也多次直接体验到读者的厚爱。

不仅企业家们、管理者们热烈欢迎和推荐，而且社会上各界人士，包括刚刚入职的白领、大学生们，纷纷对这本书表示出极大热情。仅举几例：

记得书出版后大约才几个月，我去深圳出差，在机场休息。这时有一个年轻人走过来轻声问：“您是吴甘霖老师吗？”得到确认后，他十分惊喜，并走到旁边打电话，很快就有几位青年围在我身边了。他们告诉我：他们都是机场书店的员工，《方法总比问题多》是机场书店这几个月销售最好的书之一，不到3个月销售了6000多本。

更让我难忘的是，他们各自打开一个笔记本，里面都是结合自己的成长所写阅读这本书的体会：哪些方面让他们有触动，哪些方面让他们掌握实际的方法，自己又是怎样把问题变为机会、将阻力变为助力……

说实话，书的畅销固然让我高兴，但让我更高兴的，是亲眼看到不少人尤其是年轻人自觉分享能从这本书中找到奋进的力量和技巧，并因此给自己带来实实在在的转变。

上市公司通威集团将此书作为企业文化建设的主要读物之一，在全集团推荐学习。最让我开心的是：当时通威集团还是以水产饲料为主业的企业，正开始向光伏等新科技领域进军，他们遇到的困难很大。但现在该公司已成了全国光伏产业领头企业之一。我深深感到，“不找借口找方法”已经成为该公司不断奋进、不断取得新成就的力量。

在山西运城，我应邀为全市民营企业家们办讲座，非常受欢迎，其中有一位姓张的企业家，因为决策错误导致失败，已经到了想要自杀的程度，听了我的课之后，不仅找到了生活下去的勇气，而且找到了新的发展思路。他买了一担红枣要送我。后来，《经济日报》等媒体还以“送资金送项目不如送思想”等为标题，报道了这次以改善思维方式为主题的讲座。

有一次，我应黑龙江农垦集团的邀请去做培训，发现哈尔滨的许多加油站都贴着《方法总比问题多》中的许多观点。

不少党政机关的干部也对这本书很感兴趣。如安徽铜陵市政府组织干部们学习《方法总比问题多》，并请我开办讲座；财政部还邀请我参与编写干部培训教材，重点是如何学习有效的思维方式……

于是，我和出版社都做了不少调研，试着总结大家究竟感觉这本书的价值在哪里。

得出的结论是，大家都有这么一个共同的感觉：

打破思维枷锁，勇于并善于去找方法，就能创造许多变“不可能”为“可能”的奇迹。

基于这样的反馈，那么在这本“百万册纪念版”中，就不仅更要突出这一特点，而且要让其进一步发扬光大。

第一，将副标题改为“学会像方法高手一样思考”。

这其实体现了本书强调的新特点：一方面，我们要继续强化“方法总比问题多”的信念；另一方面，要进一步解放思想并提升思维技巧，学会像方法高手一样思考。这样一来，就能让问题迎刃而解，并创造出连自己都不敢相信的奇迹。

第二，在保持原来基本思想与框架的基础上，替换了超过60%的内容，新增了不少鲜活而典型的案例。

除了采用身边和培训中的鲜活案例，还对当下不少优秀人士如何善用思维创造奇迹进行了分析与总结。如美团创始人王兴说过一句名言：“为了躲避严肃的思考，人们愿意做任何事情。”他和他的团队勤于思考并善于思考，让美团在激烈竞争中成为行业领头羊。再如字节跳动的创始人张一鸣，通过改“人去找新闻”为“新闻来找人”的“逆向思维”创建了今日头条，通过算法思维创办抖音。学到这些成功人士的具体思维技巧，不但对大家在职场中更好发展有借鉴作用，而且对如何创业、如何创建一番大的事业，也有很好的借鉴作用。

第三，问题更有针对性，解决方法更切实有效。

根据当下的痛点与需求，增加了不少新的篇章与方法。如：要“埋头苦干”更要“抬头巧干”“四大方法，助你成为职场高手”“主动促使事情发生，不要被动等待命运安排”。尤其是针对让当代不少人非常困惑的低效勤奋、内卷焦虑、成长瓶颈等普遍问题，提供了有建设性的解决方案。

第四，帮助你通过思维升级实现人生升级。

面临复杂多变的时代，唯有实现思维升级，才能实现人生升级。

这就要求我们在提升思维的广度、深度和高度方面下功夫。

在思维升级这方面，书中提供了不少经验与案例。比如，许多有能力的人都希望能影响领导，但如何影响，并不是仅仅向上级提出建议这样简单。在华为，有一位北大毕业生刚入职不久就忙着向领导写“万言书”，不料不仅没有得到重用，反倒被批示“如果没有精神病，建议辞退”。但同样在华为，另一个写“万言书”的博士却被连升三级。为什么有这么大的区别，在本书的“不做问题的挑剔者，要做问题的解决者”中给出了答案：“多一点‘躬身入局’，少一点高高在上”“向上级提问题，请带上你的解决方案”。这种既具体又有深度的思维升级，能帮助大家实现思维突破和人生升级。

比尔·盖茨有句名言：“人与人之间最大的区别，是脖子以上的区别。”投资之神巴菲特也说：“最好的投资，是对自己大脑的投资。”一个人最大的竞争力，就是主动找方法解决问题、善于找方法进行创新的能力。这不论是在职场发展还是在创业领域，以及其他各行各业，都有同样重要的价值。

在《方法总比问题多》（百万册纪念版）出版之际，我不由回想起有一次为中央机关某部培训干部时，一位副部长讲的话：“在我国，最缺乏的教育是方法论的教育，世界观与方法论，其实是不可或缺的两个部分，我们不仅要从世界观角度去懂得‘应该’，还要从方法论角度懂得‘怎么办’，各行各业的人，都应该重视方法论的学习。”

新冠肺炎疫情持续近三年了，各行各业遇到的问题很多，许多人面临压力与困惑甚至痛苦。当外在的压力增加时，我们内在的动力就得更强，主动解决问题的精神与方法，就更加重要。

愿你越来越重视思维的价值，从怕思考到爱思考，从不善于思考到成为方法高手，勇于挑战当下及以后的所有问题，并创造一个又一个变“不可能”为“可能”的奇迹！

目　录

新版序

第一章
只为成功找方法，
不为失败找借口

一流的人找方法，末流的人找借口

一、凡事找方法的人最有前途 / 003
二、凡事找借口的人总在“卡顿” / 005
三、三重境界，三种命运 / 008

“人与人之间最大的区别，是脖子以上的区别”

一、“牛人”之所以“牛”，往往在于他的思维与效率 / 012
二、高手之间的较量，是“想过”与“想透”之间的较量 / 016
三、那些总在寻求“最优解”的人，在起点上就赢了 / 018

不做问题的挑剔者，要做问题的解决者

一、避免“干工作时方法少，挑毛病时干劲足” / 022
二、多一点“躬身入局”，少一点高高在上 / 023
三、向上级提问题，请带上你的解决方案 / 025

职场的最大竞争力，是主动找方法解决问题的能力

一、主动找方法的人最容易脱颖而出 / 028
二、弱者把问题当作障碍，强者把问题当作机会 / 031
三、善于解决问题的高度，决定在职场发展的速度 / 033

要“埋头苦干”，更要“抬头巧干”

一、不要以战术上的勤奋，掩盖战略上的懒惰 / 038
二、当遭遇职业瓶颈，就要反思是不是“将 1 年经验用了 10 年” / 040
三、不断优化自己的工作方式 / 042

不重过程重结果，不重苦劳重功劳

一、培养“结果思维”：做好了，才叫“做了” / 045
二、不做“茶壶里的饺子”，要问自己“能不能做出更大成果” / 047
三、改“低效勤奋”为“像效率专家那样思考” / 050

只要精神不滑坡，方法总比问题多

一、找借口还是想办法——失败与成功的分界线 / 056
二、想方法才会有方法，想方法就会有方法 / 060
三、“问题只会有一个，方法却有千万条” / 063

四大方法绝招，助你成为职场高手

一、我能采取什么办法确保解决属于我的问题 / 066
二、我能采取什么方法解决其他人的问题 / 068
三、这个问题有什么“更优解” / 069
四、我还能有什么方法将这类问题完全消除 / 071

第二章
心理制胜：战胜对问题的恐惧

聚焦智慧原点：从“怕思考”到“爱思考”

一、不怕不聪明，就怕不动脑 / 077

二、在独立思考中体验思维提升的快乐 / 080

三、让自己变得聪明的一条捷径，是学习优秀人士的思维方式 / 082

从“尽力而为”到“全力以赴”

一、先别说难，先问自己是否竭尽全力 / 086

二、“尽力而为”不够，“全力以赴”才行 / 088

三、把自己从“我已尽力”的假象中解放出来 / 089

主动促使事情发生，不要被动等待命运安排

一、要成为一个有作为的人，你得有一双推动事情发生的手 / 091

二、从听从者变为主导者，推动力就是领导力 / 094

三、别让“规定”限制了目标，想办法让人改变决定 / 097

别害怕被拒绝 不试哪知行不行

一、别害怕被拒绝，也许别人正期待着你的出现 / 100

二、不提前打击自己，没试之前绝不否定 / 103

三、哪怕只有百分之一的希望，也值得去试一试 / 105

解除大脑的“封印”，改“我不行”为“我能行”
一、人生大多数失败，都源于自己打击自己 / 112
二、断言“我不行”的人，其实有着最大的傲慢 / 113
三、命运在自己手里，不在别人嘴里 / 114

改变发问方式，改“绝不可能”为“完全可能”
一、重新发问：改“怎么可能”为“怎样才能” / 117
二、改“条件导向”为“目标导向” / 119
三、提升思考层次，将不可能变为“可能” / 121

越能把问题想透彻，越能开掘新生机
一、追问到底，让问题最终迎刃而解 / 126
二、“不完善”不是否定的理由，而恰恰是如何去完善的理由 / 127
三、只有再往前想透，才会有更大层次的突破 / 128
四、只有思考到一定阶段，奇迹才会呈现 / 129

第三章
方法为王：
让问题迎刃而解

找准“标靶”：问题到底是什么
一、找到“真问题”，才有“根本解” / 133
二、如果你劳而无功，很可能是弄错了用力点 / 135
三、考虑从其他方面甚至相反方面找方法 / 137

以横向思维来解决问题

一、“换地方打井”：打破思维惯性实现颠覆创新 / 138
二、淡化“主流”意识，在不起眼处创造更大的机会 / 142
三、经常询问“还有没有其他处理方式”，让解决思路越来越宽 / 144

以侧向方法解决问题

一、从侧向找关联 / 145
二、从侧向找机会 / 147
三、从侧向突出兴奋点 / 150
四、两大要点 / 151

以逆向方法解决问题

一、逆向更换思维方向，更能实现颠覆创新 / 153
二、逆向解决问题，更能柳暗花明 / 156
三、逆向运用，可以“化废为宝” / 159
四、正反索因，多有科学发现 / 160

以系统方法解决问题

一、从局部上升为整体，实现“1 +1 >2” / 161
二、不是机械联系，而是有机联系 / 164
三、善于激活“隐系统” / 165
四、巧妙制造“自解决系统” / 167

以“W 型思维法”解决问题

一、先把“对”的一面让给对方 / 169
二、再难也要退，另觅对策 / 172
三、退一步者，常进百步 / 173

以建设性思维解决两难问题

一、去掉“非此即彼”，学会“亦此亦彼” / 177
二、超越“侵取”与“屈从”，重视“双赢” / 179
三、既要不伤面子，又要把事做成 / 181
四、活用分合思维法 / 183

以四两拨千斤的方式解决问题

一、要事半功倍，不要事倍功半 / 184
二、学会“点穴”：抓住最能打动人心的地方 / 186
三、善于借力 / 187

将问题巧妙转换

一、问题主体的转换 / 191
二、问题对象的转换 / 191
三、问题方向的转换 / 193

掌握“找方法的方法”，从此越来越聪明

一、总有更多的方法 / 195
二、总有更好的方法 / 197
三、总有最好的方法 / 201

要大智慧不要小聪明

一、掌握“得失辩证法” / 205
二、不要“聪明反被聪明误” / 207
三、巧诈不如拙诚 / 208

让更多的人帮你成功

一、强化他人，弱化自己 / 211
二、理解万岁？先理解别人的“不理解”！ / 212
三、越能洞察人性，越能赢得人心 / 214
四、行善可开运 / 216

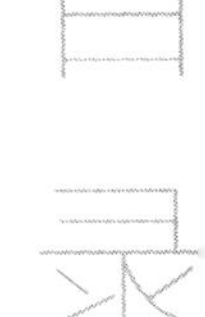

第四章
把问题变为机会

“没有问题”才是最大的问题

一、警惕被时代抛弃，学习“第二曲线” / 221
二、最危险的瞬间往往在成功的瞬间 / 225
三、要对问题“排雷”，就得剪掉“思想上的长辫子” / 227

问题是成长和发展的机会

一、当上帝要送一份特别的礼物给你时，总是以问题做包装 / 229
二、遭遇“不”，对智者而言是一种“福音” / 231
三、真正面对和承认弱点，才能真正成长 / 232

从“问题猎物”到“问题猎手”

一、越早面对问题，越能实现“思维豹变” / 235
二、尽可能将问题消灭在萌芽状态 / 237
三、先找问题，再找能力 / 239
四、从五方面去“要问题” / 240

把危机变为机会

一、换一种思维，坏事可以转化为好事 / 243
二、换个角度，危机恰可成转机 / 246
三、危机是你脱颖而出的最好机会 / 248
四、别人都干不了的难题，恰恰是属于你的独特机会 / 249

V 型思维：人人都可成为创造者和创业者的思维

一、一个将问题转化为机会的绝妙公式 / 251
二、我卖给别人的东西，就是我自己最想要的东西 / 254

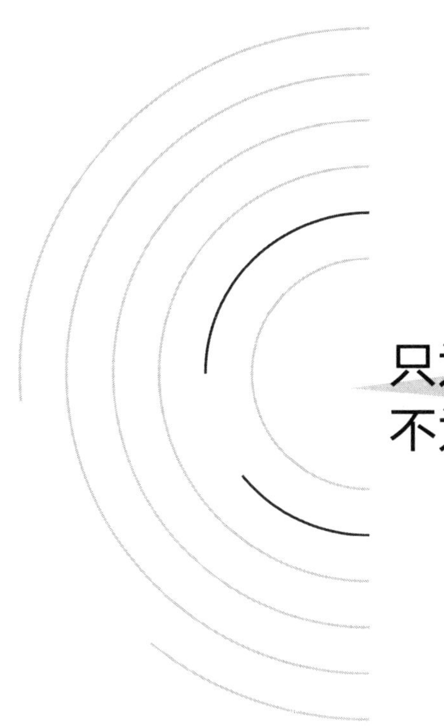

第一章

只为成功找方法，不为失败找借口

一流的人找方法，末流的人找借口

找借口的人，是最不受欢迎的人；
找方法的人，是最受欢迎的人。
“如果你有智慧，请你贡献智慧；
如果你没有智慧，请你贡献汗水；
如果你两样都不贡献，请你离开公司。”

一、凡事找方法的人最有前途

“当今社会，谁是最有竞争力、最有前途的人？”

“当今职场，怎样的人是最受欢迎、最‘吃得开’的人？”

这是我应邀为清华大学、北京大学举办的高级总裁班和管理者培训班讲课时，经常与大家探讨的问题。

大家在热烈讨论的过程中，都会分享许多典型而鲜活的故事。而其中一个案例，自从第一次被分享后，就一直为人津津乐道。许多人听后都称自己受到很大启迪。

有一次，我参加世界华商大会，和与会代表们一起，听到一位姓杨的青年华商分享他的传奇经历。

杨先生是浙江人。他的一位远房亲戚在欧洲开饭店，邀请他过去帮忙。然而，他到欧洲不久，亲戚就突然患病去世，饭店很快也垮了。

杨先生不想回国，就在当地找了份工作。几年后，他在一家中等规模的保健品厂工作。他从推销员干起，一直做到主管。

但是，他的工作做得并不轻松。因为公司的产品不错，但知名度却很有限。

他一边推销着产品，一边琢磨着有什么方法，能让自己公司的产品被更多人知晓。

一次，他坐飞机出差，不料却遇到了意想不到的劫机。

度过了惊心动魄的十个小时之后，在各界的努力下，问题终于解决了，他可以回家了。

就在要走出机舱的一瞬间，他突然想到在电影中经常看到的情景：当被劫机的人从机舱走出来时，总会有不少记者前来采访。

何不利用这个机会、宣传一下自己的公司形象呢？

于是，他立即做出了一个在那种情况下令人意外的举动：

他从行李箱里找出一张大纸，在上面浓描重抹了一行大字：

“我是 ×× 公司的 ××，我和公司的 ×× 牌保健品安然无恙，非常感谢抢救我们的人！”

他举着这样的牌子，一出机舱，立即就被电视台的镜头捕捉住了。他立刻成了这次劫机事件之后的明星，很多家新闻媒体都对他进行了采访报道。

等他回到公司的时候，公司的董事长和总经理带着所有的中层主管，站在门口夹道欢迎他。

原来，他在机场别出心裁的举动，使得公司和其产品的名字几乎在一瞬间家喻户晓。公司的电话都快被打爆了，客户的订单更是一个接一个。

董事长动情地说：

“没想到你在那样的情况下，首先想到的竟然是公司和产品。毫无疑问，你是最优秀的推销主管！”

董事长当场宣读了对他的任命书：主管营销和公关的副总经理。之后，公司还奖励了他一笔丰厚的奖金。

许多学员对这个案例进行了充分探讨，总结来说，杨先生之所以能脱颖而出，在于他将主动精神与有效方法的有机结合，以及与一般人不同的思维方式：

第一，他不只是做好事务性的工作，而是像领导者一样关心公司的战略问题。

一般的推销员，往往认为只要把手上的产品推销出去就好了。但是，他能站在全公司的高度，认识到打开知名度是解决公司产品销路的关键，并找到了解决问题的方法。

第二，他并不是被动地、机械性地工作，而是拥有创新思维，能创造地开展工作。

第三，他善于把问题变为机会。一般人都会把劫机事件当成一个问题，他却把问题转变为一个更好地推广公司品牌和产品的机会。

杨先生和许多具有同样精神和做法的人，证明了一个规律：在任何机构、任何公司，有着主动精神并善于找方法解决问题的人，往往能创造不一般的影响与效益，最容易脱颖而出，获得超凡的机会。

不仅如此，这类人如果创业，也往往最易取得非凡成功。

会主动找方法解决问题的人，一定是最有前途的人。

二、凡事找借口的人总在“卡顿”

与此形成鲜明对比的是另外一个老总讲的故事，大家可以看到另外一种员工的做法，以及不同的结局。

这位老总曾招过一个助理，毕业于重点大学管理系，人很聪明，也很想做出一些业绩，并向往自己能走上真正的管理岗位。

有时这位老总需要出差，就将一些重要事情交给她去处理。

但老总发现，交给她的工作，她总是完成得不太理想。她总是说自己很辛苦，并且不停地抱怨：

“文秘实在是太笨了，连一份简单的文件都起草不好，时间都耽误了。”

“市场人员的沟通能力太差了，跟客户的沟通根本不到位，这样怎么能让客户满意?"

"时间那么紧，我手头的事又那么多，让下面的人去做又做不好，光靠我一个人怎么可能完成?"

……

于是这位老总问她，既然你已经看到问题存在了，那么有没有想办法解决?

结果，她的回答让老总大吃一惊：

"我认为有些人的能力实在是太差了，应该全部炒掉，换成真正有能力的人。"

但在老总看来，并不是她所说的"有些人"没能力，而是她没有协调到位。

即使个别员工的确做得不太好，那也只是因为对工作不熟悉，暂时遇到了瓶颈。

于是，老总提醒她：作为助理，做好协调工作是本分，提升有关能力是必要的。另外，作为一个想当管理者的人，也有责任引导团队成员成长。之后，老总与她又交流过好几次，也给了她一些解决问题的建议，但她还是坚持自己的想法，将责任推到其他人身上。

最终的结局是：她没有炒掉她所说的"有些人"，而自己却被老总辞退了。

听完这个故事后，总裁班上的学员们纷纷说，这位助理身上存在的问题并不是个别现象，职场中不少人也有同样的情况：

他们自己的工作没有做到位，却常常把责任推到其他人身上。实际上，那些所谓的理由，只是自己不愿意负责、不愿意成长的借口。

上述所说的两个人，其实是职场中两种不同人物的代表：

前面的那位主管，哪怕遇到再不好的环境，首先想到的是如何帮助公司解决问题，而且还要找到创造性的解决方法。

与此相反，那位助理，尽管面临的困难并不太大，但仍然找借口不去解决，找理由为自己辩护。

这体现出一个最根本的区别：

优秀的人总是找方法，平庸的人总是找借口。

找方法还是找借口，这实际上是成败的分界线。

为此，我在高级总裁班的学员中做了一个调查。

我调查的第一个问题是：

“在公司里，哪一类人是你们最不愿意接受的人？”

结果发现，有 5 种人是老总最不喜欢的：

1. 工作不努力而找借口的人；
2. 损公肥私的人；
3. 斤斤计较的人；
4. 华而不实的人；
5. 不愿成长的人。

我调查的第二个问题是：

“什么样的员工是你们最喜欢的人？”

结果发现，老总最喜欢的员工也有 5 种：

1. 主动找事做的人；
2. 通过找方法加倍提升业绩的人；
3. 执行力强的人；
4. 能提出建设性意见的人；
5. 很少抱怨的人。

这一调查结果，进一步证实了我们之前的结论：

凡事主动找方法的人，一定是最受欢迎的人！

凡事找借口的人，往往是最不受欢迎的人。很多时候，这类人的事业和人生总在“卡顿”状态，甚至会自毁前程。

三、三重境界，三种命运

后来，我专门开设了“方法总比问题多”课程，积极倡导这样一个理念：

“只为成功找方法，不为失败找借口。”

现实中出现的许多新案例，越来越验证了这一理念的正确性，另外也出现了不少体现这一理念的新榜样。

如近期被广为关注的“戴珊现象”。

2022 年夏，阿里巴巴公司的一则工商信息变更，引发众人瞩目：老将张勇卸任阿里巴巴集团法人代表及董事长职务，交由戴珊接任。

大家讨论得最多的是，当初在阿里巴巴并不显眼的戴珊，为什么能获得这么好的发展？

戴珊是阿里巴巴创始团队“十八罗汉”中最年轻的人之一。20 多年过去，阿里巴巴成了最有名的互联网公司之一，公司也有众多海内外顶尖人士的加盟，但成为张勇接班人的，却是戴珊。

原因有很多，其中主要的原因是，她是一个根据企业发展不断提升解决问题的能力、以促进公司发展的人。

且看有关媒体披露的几个事例：

一开始，戴珊干的是最基础的客服工作。她不想接受这个安排：“我不喜欢做服务，在后台不就是接接电话吗？”

但后来她意识到来自用户的信任对公司是多么重要。她就安下心来，以最高的标准要求自己，设法寻找和解决服务中的各种问题，力求做到最好。当时，还没有各种反应迅速的即时通信方式，员工回复客户全靠一封封邮件。有时戴珊的团队回复得太快，还被用户质疑是机器自动应答。

这样的工作戴珊一干就是好几年，后来，凭借突出的工作表现，戴珊分别担任公司的高级销售总监、省公司总经理，之后被调去做人事工作。

再后来，她负责购物平台的工作，进阶到更大平台的管理层。上任后，她敏锐地发现：有相当多一部分人处于混日子的状态。她细细分析，发现这主要是因为大家对工作的意义还没有正确的认识，对公司的认知模糊不清。

于是，她采取对症下药的方式来解决这一问题：在策划的一场"梦想开始的地方"的晚会上，她邀请两位特别来宾上台分享自己与公司的渊源。一位是患重症肌无力的会员用户，另一位是在公司平台上创业成功的大学毕业生。

通过邀请真实用户现身说法，戴珊让员工感受到自身看似平凡的工作，对他人而言，可能是改变命运的力量。这种方式，让员工们懂得了自己工作的意义，员工士气因此大幅提高。

随着职务的提高，如何与领导高效沟通，从而进一步影响上级，也就是通常所说的向上管理，既是一项重要的课题也是让许多人苦恼的难题。而戴珊总是想方法去解决、做好这件事。

她在工作中发现，当时的集团 CEO 骁勇善战，但有时太过刚硬，显得没有人情味，让团队感到难以亲近。

那么，戴珊采取了什么方法来解决这一问题呢？她首先抛出三个问题，来引导上级的思考与重视：

戴珊问："你平时跟谁一起吃饭啊？"CEO 答："让秘书帮忙买回来。"

戴珊接着问："你平时跟谁聊天啊？"——CEO答："开会时自然有人来。"

戴珊再问："你最近喝过酒吗？"——CEO似乎有点急了："工作这么忙，哪有空喝酒？"

CEO也是明白人。三句提问，让他感觉到了自己身上可能存在的问题。之后，戴珊办了一场"裸心会"，让CEO和团队成员敞开心扉，在团队中展示出真实的自己，互相提意见、加深理解。这样一来，大家关系更融洽，工作也更好推进了。

在集团工作的23年间，她先后轮换过客服、销售、市场推广、人力资源、首席文化官等诸多岗位，基本上就是领导指到哪儿打到哪儿，从不抱怨，总是想法解决好在每一个岗位、每一个阶段遇到的问题。这样的人，总在发展，终有更大的平台。

"戴珊现象"，在某种程度上讲，就是一种通过不断解决问题而不断促进单位与自身发展的现象，给每一个想在职场更好发展的人三点十分重要的启示：

第一，单位最需要的人，除了具备忠诚和事业心，还需要拥有能帮助单位解决问题的能力。所以，一定要把主动想办法、善于想办法作为自己发展的主要竞争力。

第二，不怕起点低，就怕境界低。不管你的起点如何，只要主动去做，找方法的能力就会越来越高。

第三，随着职位越高，所面临的挑战越大，这时一定要迎难而上，而不是知难而退。这样解决问题的能力会越来越强，也越来越能拥有更大机会、承担更大责任。

戴珊以及和她一样的人的发展，让人想起日本松下公司曾推行的一种企业文化：

“如果你有智慧，请你贡献智慧；
如果你没有智慧，请你贡献汗水；
如果你两样都不贡献，请你离开公司。”

从松下的企业文化中，我们可以看出职场上的人其实分为三类：

1．具有敬业精神并能找方法的人

他们拥有智慧并乐于奉献智慧，这份智慧必然会给企业创造很大的财富。毫无疑问，这类人是最受欢迎也最有发展的人。

2．敬业但是缺乏方法的人

他们能够也只能奉献汗水，这类人也是企业需要的，但他们不会有太大的发展。

3．既不敬业又不去找方法的人

他们什么也奉献不了，所以最终的结局只能是离开。

在此基础上，我们可以得出这样的结论：

一流的人既敬业又能找方法；

二流的人只敬业；

末流的人找借口。

毫无疑问，不找借口找方法，是最受欢迎的工作品质。

假如你想有更大发展，毫无疑问，就应力争做第一类人。

“人与人之间最大的区别，是脖子以上的区别”

最优秀的人，是最重视找方法的人。

他们相信凡事都会有方法解决，而且是总有更好的方法。

人人都能成为创造者！

处处都是创造的良机！

真正的竞争，是思维方式的竞争。

成为一个凡事重视找方法的人，

你在起点上就赢了。

为什么要重视方法？

换句话说，为什么要通过学习方法成为更聪明的人？

我们或许可以从一句比尔·盖茨的名言中得到启发：

“人与人之间最大的区别，是脖子以上的区别——大脑决定一切。”

的确，当我们认真观察思维方法带来的价值之后，就该自觉重视方法，并努力成为善于用方法解决问题的高手了。

一、“牛人”之所以“牛”，往往在于他的思维与效率

“精英都是方法控。”

这是一本畅销书的书名，在书中，作者金武贵谈到一个现象：

为什么有的人有好的学历和履历，却没有得到该有的发展呢？关键就在于他们没有重视方法。而真正的精英，都是重视方法的人。

是的，高手和普通人的差距，往往体现在思维方式的差别。

换句话说，“牛人”之所以牛，往往就在于当大家都觉得没有办法解决问题的时候，他还能找到解决问题之道，而且会发挥思维的创造性，能找到让人拍案叫绝的方法。

在一次管理研讨班上，一位总裁分享了他很欣赏的、某大集团优秀客户经理张经理的故事：

有一次，张经理来到北京出差，遇到以前公司的一位客户。那是一位老总，这位老总也在北京出差。

因为之前这位老总和张经理的集团在业务合作上有一点不愉快，张经理想利用这次机会，把关系处理得更好一些。

于是，张经理就打电话联系了这位老总，并真诚地对他说：“如果您有什么需要帮助的话，可以随时打电话找我。”

这位老总也许是觉得张经理只是说说客套话，想想也没有什么事情需要帮忙，就没把这话放在心上。

没有想到，下午开会前，这位老总却发现自己出差前太匆忙，忘记带名片了。但老总当时有别的事情要忙，没法自己处理，就打电话请张经理帮忙印名片，而且强调说自己下午要急用。

张经理立即出门找复印店，但以当时做名片的方式，最快也得一天以后才能做好。他跑了十几家店，都说最快明天才能做好。

为了不耽误事，他只好先打电话把情况告诉老总。

听到这种情况，老总对他说：“既然做不出来，那就不用名片了。”

但张经理是一个很负责的人，他并没有放弃，而是满脑子琢磨着如何把问题解决好。

在路过一家照相馆时，一个灵感突然出现：

用数码冲印的方式把名片拍成照片，之后多打印几张，再剪裁好就可以啊。

这样虽然费用贵一些，但效果和通常制作的名片，功能是一样的，绝对不会影响使用。

于是，他采取这种独特的方式，不到半小时就把名片制作好了。

当张经理把名片交给那位老总并告诉他是如何制作的时，那位老总感到难以置信，认为这正是体现了“只为成功找方法，不为失败找借口”的精神，也增加了与张经理所在公司合作的信心。

许多事情，看起来容易，但如果受到某些条件的限制，解决起来就很不容易了。

就像印名片，在通常情况下，谁都可以轻松做到，直接去名片店交钱，提要求，等着第二天去拿就可以了。

但是，如果出现上述这种在短时期内制作的要求，恐怕很多人就一筹莫展了，也许就因此放弃了。

但是，真正的“牛人”会像张经理这样，不仅不放弃，而且还能以创造性的思维，将问题最终解决。

看到这样的故事，对“人与人之间最大的区别，是脖子以上的区别”，你是不是有了真切的认知呢？

为了让你对此有更深的理解，我们不妨再来看一下美团创始人王兴的故事。

一次，王兴在 Facebook 参观时，听到这么一句话：“好的工程师和差的工程师，差距是 10 万倍。”

这让王兴很震惊。这个说法似乎太夸张了。但是后来，他通过认真观察与分析，意识到这个说法其实很有道理：

“Facebook 有 500 名工程师，其中 10 多名管理着十万台图片应用服务器，每天处理上亿张照片，而在中国拥有 500 名以上工程师的公司太多了，但工作效率没法跟 Facebook 相比。”

比如写代码，顶级工程师写出来的代码是普通工程师难以企及的。

“据说，一辆宝马 X5 里的软件代码有 3 亿行，一辆特斯拉只要 1000 万行，真是令人绝望的差距，很类似 2008 年时诺基亚的塞班和苹果的 iOS 的代码行数差别。”

这就是高手和普通人在工作质量、效率和成果上的差距。

值得我们格外重视的是，在新经济时代，生产方式、生产力和生产效率的逻辑，跟传统经济时代大有不同。

苹果公司的创始人乔布斯强调，一个出色人才能顶 50 个平庸的员工。很多时候，数量无法抹平质量的差距。

特斯拉的创始人马斯克说，“我只让最聪明的人为我工作”。

这话虽然有些极端，但也让我们看到，善于思考的聪明人，受欢迎、受器重的程度。

再来分享一个最近发生的故事：

随着我国“双减”政策的出台，教培产业受到很大冲击。新东方的创始人俞敏洪决定及时转轨，将几万套桌椅捐献给学校，同时成立东方甄选公司，进行直播带货，推销农产品。

在开始一段时间，东方甄选公司做得很艰难，除了第一场由俞敏洪直播的节目小有成绩外，后来相当长一段时间，都没有打开局面。

但是，到了 2022 年夏，东方甄选直播间突然爆红，原因是一位名叫董宇辉的主播，以创造性思维进行了突破：不同于其他一些直播间声嘶力竭、干燥乏味的带货直播，他充分发挥了“新东方”与自己的特长，不仅用中英双语介绍产品，让进入直播间的人可以学英语，更重要的是以一些文艺的甚至充满诗意的文字，打动消费者，促使大家纷纷下单购买。

结果是：东方甄选的粉丝数量也从几十万一跃为上千万，新东方的股票价格也因为这一原因，短时期内大幅上涨！

看看，一个人拥有创造性思维，会创造出怎样的奇迹！

像这样的人才，谁不需要，哪个领导不重视呢？

各行各业都会需要会找方法解决问题的人。尤其在当下的新经济领域，更聪明、更有创新能力和效率的人，有着巨大的优势，更容易受到欢迎和器重。

二、高手之间的较量，是“想过”与“想透”之间的较量

当今社会，处处是竞争，尤其针对大的商业机会，竞争更为激烈。

高手都是重视思维方法的，要想在竞争中获胜，就不能仅止于“想过”，而是要“想透”。

这其实是思维方法的深刻度、高度及创造性的竞争。

美团创始人王兴是最重视思维方法的青年企业家之一。我们且看他的两次重要的决策：

第一次，在团购网站的“百团大战”中，同行在争相烧钱，但王兴却没有卷入大战，而是节省资金，用于后来重要的战略上。

第二次，美团进入外卖市场，与原先的外卖霸主同台竞争。

美团只用 6 个月就了解到门道，他发现当时饿了么还没有加速下沉到三线城市，这是一个难得的窗口期，美团快速发起百城攻势，一

下子赶超了对手。

为什么能达到这样的效果，王兴讲过一句名言：

“为了躲避严肃的思考，人们愿意做任何事情。”

既然大多数人尤其是对手不愿意做更严肃深刻的思考，那自己这样去做，不就具备最大的竞争力了吗?

王兴曾要求美团的员工，要认真研究人类历史上首次南极探险，阿蒙森团队战胜斯科特团队的故事。

我们不妨一起从这个故事中来总结一下经验教训。

一个叫阿蒙森的人组织了团队去南极探险，还有一个叫斯科特的人，也带着自己的团队前去探险。

当时斯科特的装备比阿蒙森好得多，但是斯科特不仅没有成为第一个到南极探险的人，而且他的团队也几乎全军覆没，他自己也不幸葬身在南极的冰雪中。

但是阿蒙森团队成功了。

来看一下他们的区别。

阿蒙森团队的人员数量比斯科特团队的人少，但他们所带的粮食是斯科特团队的三倍。

斯科特特别配备好他认为很好的一些装备，他的运输工具是俄罗斯一种特殊的马，以及刚刚发明不久的雪地摩托。

阿蒙森团队的装备是最原始的、北极地区的雪橇狗，数量也多。

后来的情况如何?斯科特团队那些很好的装备，却没能经受住南极的恶劣天气条件。他们认为适合南极的俄罗斯马被冻死了，雪地摩托在南极很快也坏了，他们只好找人来拖。

而阿蒙森团队的雪橇狗很适应南极的环境，成了很好的交通工具。

为什么会这样？因为阿蒙森团队在出发之前想得很透彻：

要适应南极的极端寒冷天气，那些能适应北极极端天气的雪橇狗，应该是最佳选择。

在行进节奏上，阿蒙森团队基本上保持每天约 30 公里的行进速度，不紧不慢地往前走。

而斯科特团队的节奏具有随机性，如果天气好，他们可能走得快一些，天气不好就可能要耽误很长的时间。

最终的结局是条件不如斯科特团队的阿蒙森团队获胜了。

对这两个团队进行分析，我们就会发现阿蒙森团队考虑问题更全面，对各种问题提前思考的深度、广度，更符合南极的实际情况，也更能适应变化。

而斯科特团队思考问题不够细致，是以自己想当然的方式去行动。

这就是一方比另一方思考得更加透彻，预案更多，最终获胜的典型案例。

高手之间的较量，是“想过”与“想透”之间的较量。

一个人有什么样的思维，就会拥有什么样的命运。

对一个团队领导人而言，更是如此。

有这样一个规律：

平庸的人改变结果，优秀的人改变原因，而更高级的人改变思维模式。

假如你能在思维模式上高人一筹，就更能在竞争中获胜。

三、那些总在寻求“最优解”的人，在起点上就赢了

我们经常听到一句话：“天才出自勤奋。”

但是，勤奋只是一个人能变得优秀的基本功。

要真正变得优秀、更有回报和收获，还得重视方法。

能取得成功的人，往往会尽早通过找方法来寻求“最优解”。

前些天，我应邀与多位工作了几年的青年人交流。他们纷纷诉说自己有些迷茫：天天努力，但总是看不到尽头，看不到转机，到底该如何突破呢？

于是我问了一个问题：

“从你们开始工作的那天起，有没有做过职业生涯设计？有没有想过你想成为什么样的人，该采取哪些更有效的方法？”

大多数人摇头。

于是，我与他们分享了日本著名物理学家汤川秀树的故事。

汤川秀树 19 岁考入京都大学物理系。进校的第一天，他就问教授，什么是物理学的最前沿。教授告诉他是量子力学。

他立即说要把量子力学作为自己的研究题目。教授为难了，当时日本在这方面的研究很薄弱，连量子力学的教科书都没有。

但这难不倒汤川秀树向此进军的决心。他开始自学，而且格外热衷于阅读新出版的外国杂志，特别是德文期刊。

因为他了解到，量子力学的发源地是德国，量子力学的创立者也主要是德国人。

前沿阵地带来的丰富营养，使他很快成为日本最权威的量子力学专家。后来他提出了著名的“介子理论”，预言了介子的存在。当时他才 27 岁。

三年之后，美国科学家安德森在宇宙射线中发现了介子。再后来，汤川秀树获得了诺贝尔物理学奖。

不知你看到这样的故事做何感想？

实际上，我们可从这个故事，以及不少类似的故事中，发现一个很值得关注的现象：

那些杰出的人，不论学什么、干什么，他们都要用大脑认真思考，寻求“最优解”——最好的处理方法。

这种通过思维方式去求得“最优解”的人，在一开始就赢了。

时代正重重奖励通过处处找方法来求得“最优解”的人。

是的，最优秀的人，往往是最重视思维方式的人。

让我们从现在起，更加重视方法的学习吧！

不做问题的挑剔者，要做问题的解决者

要做一个有作为和有影响力的人，不仅在于能看到问题，更要善于解决问题。

那种“干工作时方法少，挑毛病时干劲足”的人，到哪里都是最不受欢迎的人。

多一点“躬身入局”，少一点高高在上，你的话才有分量，你提出的意见才更容易被人重视。

在向上级提问题时，带上你的解决方案，就会给自己、上级、团队带来惊喜。

“职场是什么？单位是什么？就是不断遇到问题和不断解决问题的地方。”

“一个人有没有真本事，往往体现在他是否拥有善于解决问题的能力！”

“处处都会有问题。只会对问题抱怨，就难有发展机会；越会解决问题，在单位就越有分量，就越能有大的发展！”

我曾经为北京住总集团及下属单位做了 9 期培训。培训期间，北京住总房地产公司人力资源总监姜水结合自己的工作体会，讲述了上述这些精彩观点。

实际上，这代表了新时代用人的重要原则：

要勇于面对问题、善于解决问题，而且要把提高解决问题的能力，作为最重要的工作来做。

那么，我们该如何成为一个能够主动解决问题、并因此在职场获得更好发展的人呢？

一、避免“干工作时方法少，挑毛病时干劲足”

我很难忘记一次为一家研究所做培训的经历。

参加培训的主要人员是该所的中层干部，他们都很年轻，培训开始时大家都踊跃发言。

但没想到的是：有一位头发已经斑白的老者，总是喜欢与人唱反调，尤其对年轻干部的发言，提的意见常有些刻意挑刺的味道。到后来，大家都不愿意多发言了。

我不知道他是哪个级别的干部，但看他那威严的模样，想必是一个地位不低的领导。但我觉得他这种行为并不合适。

于是在中途休息时，我与该所所长交流，希望他提醒这位“老领导”，有意见可以善意交流，但不要以这种挑刺的方式，在课堂上打击学员们的积极性。

所长因有其他安排没有听课，但听完我的描述后，一下笑了，说：

“他哪是什么干部啊？他就是一个工作了40年的普通研究员。本来他很有能力，但因为他总是抱怨这抱怨那，瞧不起别人，所以大家对他一致的印象是：干工作时方法少，挑毛病时干劲足，一直无法被重用。”

“那么，为什么让他参加中层培训呢？”

所长不好意思地解释说：

“再过3个月他就要退休了。那天他看见这次培训活动的公告，就说很难得，申请参加，我一想：让他来洗洗脑也好。没有想到依然本性难移。看来，像他这样的人，最好还是早点退休算了。”

这位所长所说的“干工作时方法少，挑毛病时干劲足”，一针见血地指出了职场中一些人的毛病：

一方面，缺乏解决问题的方法，也不去提高解决问题的能力，另一方面，对挑问题却十分热衷。

这种人往往是过于突出自己，对自己的面子、利益看得过重，却不懂得对工作与团队负责。

这样的人，在哪里都难以得到领导和团队的认可。

二、多一点“躬身入局”，少一点高高在上

每个有才华的青年人，或许都有一个能影响上级的梦想。

用专业的词来说，这叫“向上管理”。

“向上管理”是诱人的，但是，要真正实现“向上管理”，积极影响上级，却不是一件容易的事。

假如你是一所国内知名大学毕业生，去了一家正在发展中的科技公司，很想为单位做贡献。

于是，你写出了一份洋洋洒洒的报告，送给公司的一把手，希望以此展示自己高人一头的眼光和学识，得到领导的器重。

但没有想到的是，领导不仅没有器重你，反倒建议辞退你。

你会不会马上就懵，备受打击？

其实，这是一个在商界广泛流传、据说发生在华为的故事。

某位大学毕业生，刚到公司不久，就怀着指点江山的豪情，给公司领导写了一封万言书。

但根本没有想到的是，公司领导不仅没有重视，反倒指示：

请人事部查一下，此人有没有精神病？如果有，建议送医院治

疗。如果没有，建议辞退。

这样的情况，是不是大大出人意料？

这也带来了一个疑问：

难道员工就不能向公司和领导提意见吗？

难道华为是那种领导独断专行、压制员工提意见的公司吗？

华为的发展，就是全靠领导者的超凡能力吗？

当然不是。

员工完全可以向公司和领导提意见，而且华为也是鼓励员工提意见的。

其实，在华为还有另外一个万言书的故事。而另外那个写万言书的人，不仅没有被排斥，还被连升三级。

毕业于清华大学的延俊华博士，进入华为公司的中试部，根据自己的亲身经历，写下了约万字的《千里奔华为》。

这份报告从不同方面反映了公司存在的问题，而且提法很尖锐。照一般人的看法，领导看到报告后肯定不高兴更不重视。

但出乎意料的是，任正非称赞其为“一个会思考并热爱华为的人”，还安排下属将原文和讨论一并发表在公司内部的《管理优化报》上，组织各部门骨干学习讨论，并直接将延俊华提升成为部门副部长，连升三级。

为什么延俊华能享受这种待遇呢？

首先，他所反映的都是自己工作中遇到的问题。

如因为没有配置一个小工具导致几万元的板子作废；因为缺乏协调，一个安装工程耽误了 20 多天。

在这样的基础上，他提出华为“人才济济，效率很低”“不要老强调文化，要抓管理”等问题，就很真实也很有说服力了。

不仅如此，报告中还有他如何以主人翁的状态去解决问题的种种做法。

这样一来，他所提出的改进华为的管理程序、工作方法等建议，也就更容易让人接受了。

那么，我们如何掌握让自己提出的建议能被重视的诀窍呢？

不妨从华为的《致新员工书》中找找答案：

“要有系统、有分析地提出您的建议。草率的提议，对您是不负责任，也浪费了别人的时间。特别是新来者，不要下车伊始，动不动就哇啦哇啦。要深入、透彻地分析，找出一个环节的问题，找到解决的办法，踏踏实实一点一点地去做，不要哗众取宠。”

是的，从上面两封“万言书”的不同命运，我们可以得出如下结论：

发现问题，反映问题，在任何组织中都是正常的，有时还是特别被提倡的。

但是，当你对情况还不太了解时，尤其在刚进入一个新单位或新环境时，请不要急着表现自己，不要自认为高人一头去指导别人。

更合适的做法，是深入现实和实践，找出具体有效的方案。

这就是“躬身入局”。

多一点“躬身入局”，少一点高高在上，才更容易受到认可和器重，得到更多机会。

三、向上级提问题，请带上你的解决方案

在工作中，员工免不了向上级反映问题。

但有些时候，却得不到应有的反应，有时还会受到抵触。

这是很令人苦恼的问题。

为什么会出现这种情况呢？

大多时候，是有这样一个原因：

只知道提问题，等着上级解决或出主意，却没想到自己主动提出解决方案。

我曾经为中国移动、通威集团、黄金搭档、奥康集团等众多企业讲过“方法总比问题多”课程。

在为这些集团讲课的过程中，我总是强调如下两点：

第一点，欢迎下级向上级反映问题，但不能仅仅是将问题上交，在提问题的时候，一定要多说一句：

“关于这个问题，我有这样一种解决思路，您看是否可以？”

与此同时，当上级听到下级反映问题却没有提出方案时，也要多问一句：

“对这个问题，你有什么好的建议和解决思路呢？”

其效果十分明显。在执行这样的要求后，我不断收到一些集团的人力资源总监或培训经理的反馈：

1. 这是一种“层层解放管理者”的思维

从上级的角度讲，他们得到了解放，因为以前往往是下级一提意见，上级就要为他提供思路，帮助他解决。

现在，下级往往能自己想出解决的方案，或请上级帮助打开思路，这样上级的工作压力就能得到释放了。

2. 这是一种“层层锻炼思维力和责任心的思维”

从下级的角度讲，因为得逼着自己多动脑筋解决问题，所以变得更聪明了，也更自信了。

3. 这是一种让团队效率加倍提升的理念

从团队的角度讲，通过这种方式，方方面面的沟通更加顺畅，执行任务也更为有力，效率得到提高。

第二点，下级在向上级提建议时，要让领导多做选择题，少做甚至不做必答题。

选择题就是提供几种方案让上级选择，必答题是让领导没有选择，只能接受你的意见。

我常常举这么一个例子：

美国前国务卿基辛格在处理与总统尼克松的关系时的做法，就值得好好借鉴。

他总是将几种方案摆在尼克松前面，由尼克松做最终的选择，绝对不会将自己的意见强加给领导。

他成为尼克松最器重的助手，也是理所当然。

为什么这样做很有价值呢？

这一方面维护了领导的权威。让自己的意见更容易被接受；另一方面，锻炼了自己思考问题的全面性、深刻性和有效性，也让自己的思维能力更加出色。

职场的最大竞争力，是主动找方法解决问题的能力

主动找方法并解决问题的人，总是社会上的稀有资源，也容易受到重视。

哪怕他没有刻意去追求机会，机会也会主动找上门来。

在弱者眼里，问题是障碍。在强者眼里，问题恰恰是机会。

一个人善于解决问题的高度，决定自己在职场发展的速度。

假如你通过找方法做了一件乃至几件让人佩服的事，很快就会脱颖而出并赢取更大的发展机会。

在职场中，或许不少人有这样的疑问——

同样的机会，为什么只给别人不给你？

同样的起点，为什么几年后就拉开了距离？

其实，许多问题往往取决于一点：是否掌握一个在职场发展的核心法则：

职场的最大竞争力，来自主动找方法解决问题的能力。

主动是一种态度，是要以主人公的姿态，去面对团队和单位里出现的各种问题。

找方法是一种能力，是你以现实中的有效手段，解决各种问题的能力。

一、主动找方法的人最容易脱颖而出

一家企业集团的董事长，讲述了破格提拔一位年轻主管为董事长

助理的故事。

当时，董事长出国考察，与新加坡某集团相谈甚为融洽，对方明确表示了愿与公司建立战略合作意向。而且约好了在他回到公司的当天，就来该公司具体考察。

为了达到最好的效果，在新加坡该集团来考察之前，必须做一份很详细、有效的财务报告。于是，董事长打电话安排财务总监干这件事情。

不巧的是，财务总监因病休假了，还有两位很有经验的财务人员也出差了。

接电话的是一位年轻主管，工作经历并不长。董事长对他能不能做好这份报告缺乏信心。但既然找不到更合适的人，董事长还是把这个任务交给了他。

这位主管没有停留在仅仅给外国企业做财务报告的层次，而是多向董事长问了不少问题，包括合作的对象具体是哪家集团，尽可能了解对方的情况。

之后，这位主管说：

“董事长您放心，我一定尽力去做，如果有不懂的地方，我会去找总监和其他有经验的同事请教，保证完成您安排的任务。”

董事长虽然给他安排了任务，但心中还是有些忐忑，毕竟这位主管缺乏经验。

但没有想到，董事长一回到公司，就马上就拿到了这份财务报告。其质量不仅符合自己的需求，在某些方面还比自己期望的好。

经过了解，原来这位主管在接到任务后，就立即全力以赴进入状态，不仅向本公司有经验的财务人员请教，还向有过与外国公司合作经验的其他单位的财务人员请教。

这样，他所写的报告，就不只是冷冰冰的数字，还有不少正是外国合作者更感兴趣的内容。

这已经很让董事长喜出望外了，而更让董事长没有料到的是，当他对报告不断赞赏之后，主管却没有立即离开，而是提出了一个问题：

“董事长，我上网查了一些资料，发现要与我们合作的企业，是新加坡著名的纳税大户，这家公司在与中国其他公司合作时，格外强调依法纳税的问题。我想问您：我们在做财务报告的同时，是不是也需要提前做一份税务报告呢？”

这一点董事长以前根本没有考虑到，但他觉得主管讲得很有道理，接着就有点着急了：

“是该有啊，可是怎么办啊？2 小时后新加坡集团的人就来我们公司了，临时做也来不及啊！”

这时候，主管笑眯眯地递过来一份文件，说：

“对不起，董事长，我没有事先征求您的同意，已把税务报告也做好了。您看看是否符合要求？”

董事长拿过来一看，也十分满意。于是立即做出一个决定，让这位主管参加与新加坡那家集团的合作洽谈。

正如这位主管所料，新加坡那家集团十分重视该单位的纳税情况，提出查看税务报告，又针对报告提出多种问题，主管对答如流，令对方频频点头。

这次洽谈极为顺利，双方很快就签订了战略合作协议。在谈到合作为何能这样顺利时，新加坡那家集团的代表说：

“这家公司太出色了。尤其所做的税务报告让我们印象很深。这些年在开展国际合作时，有些单位若我们不提税务报告，就不会主动准备。而这家公司提早准备，而且十分严谨细致。这一点高度强化了我们合作的信心。”

因为这件事，董事长对这位主管另眼相看，之后就安排了一些新的机会给他，而他同样表现得十分出色，很让董事长满意。

于是，董事长将他提拔为董事长助理。

这个故事一讲完，大家纷纷叫好，都说假如自己的单位有这样的主管，也会被重用。

接着大家一起分析了这位主管受到器重的原因：

第一，在接受任务时，不管遇到什么困难和问题，他能想办法解决，而不是推托或找借口不做。

第二，他不是简单地完成任务，还能思考领导未曾想到的问题，并主动想办法解决。

第三，对于工作的成果，他能超出领导的期望。

这样的人才，用一句话来概括，就是能将主动负责的精神与有效方法结合的人，是职场最受欢迎的人才，怎么能不受到领导的特别重视呢？

假如你通过找方法做出一件乃至几件让人佩服的事，很快就会脱颖而出，并赢取更大的发展机会。

二、弱者把问题当作障碍，强者把问题当作机会

方法是针对问题而言的。

有问题才需要方法，有方法才不畏惧问题。

于是，人们面对问题的态度，就会显示出平庸与优秀的分界，以及弱者与强者的区别。

许多人害怕问题，躲避问题，把问题当作前进的障碍，这就是弱

者，注定平庸。

与此相反，有的人敢于面对问题，走向问题，并主动将问题甚至难题解决，这就是优秀的强者。

讲个身边的故事吧！

前不久教培政策大变化，有数百万教培从业人员的职业生涯面临转轨。不少人深感无所适从，在抱怨和痛苦之余难以找到好的工作。

但是，我认识一位名叫林陈斌的北京大学毕业生，面对同样的困境不仅不慌不忙，而且许多知名集团都抢着要他加入。

为什么争着要他？我们可以从他刚刚毕业从事的第一份工作的状态中了解到原因。

他打的第一份工，照多数人的标准，那条件实在是太好了，可能会被特别地羡慕：

他所在部门的领导十分能干，可以单独把很多业务直接做好。他跟着领导喝香的吃辣的就行了。

但是，他干了一段时间后，就觉得这样不行，并主动向集团的一把手提出来，能不能换一个工作？

一把手问他要换个什么工作？

他说，我想换一个对我要求更严、能让我吃更多苦、更能锻炼我的工作。

这样的要求大大出乎一把手的意料，就给他安排了一个更有挑战性、更需要吃苦的岗位。

在新的岗位，他的确吃了更多的苦，遇到了更多想象不到的问题。但他不仅没有抱怨，反倒十分珍惜与问题面对面交锋的机会，解决问题的方法越来越多，进步也越来越快。

在以后的工作中，他一直采取这种“自找苦吃”的方式，去寻找提升解决问题能力的机会，结果越来越能干，越来越受欢迎。

后来，他进入了一家规模非常大的教育机构，并负责一个十分重要的部门。

公司本来有可能在海外上市，但随着教培政策的大变化，公司无法上市了。他也面临职业转轨、重新找工作的困境。

但就在这时，多家知名企业向他抛出了橄榄枝。不仅有与他原来的工作性质相同的岗位，还有其他的工作岗位。

最后，他进入了一家很有名的大集团，从事新能源汽车工作，而且很快得到了重用。

在回顾自己的成长之路时，林陈斌说：

“我很感谢，从第一份工作开始，我对待问题就有一个正确的态度。你越不躲避问题，越能提高解决问题的能力，就越有竞争力。”

是啊，对于成长中的年轻人而言，自找苦吃等于自找补吃——吃苦等于进补。

对于想在职场更好发展的人而言，问题恰恰是机会。

三、善于解决问题的高度，决定在职场发展的速度

我们不仅要善于解决自己的问题，而且要善于主动帮助解决别人的问题。

在职场中，你会发现一个很有意思的现象：

那些最有机会走上领导岗位的人，往往不限于解决自己工作范围内的问题，还常常帮助单位和团队解决问题。

这样的素养，往往在他们参加工作的时候就开始显露。

谈起张一鸣，有不少人佩服他。他所创办的字节跳动公司，创立了抖音、今日头条等有影响力的品牌。

这样的奇迹并不是凭空产生的。如果我们来回顾一下他的职场之路，就会发现他从参加第一份工作开始，就有着与众不同的素养。

而这一素养，与面对问题的做法有关。

张一鸣大学毕业后，加入了一家名叫酷讯的公司。一开始他只是一名普通工程师，但在第二年，就管理着四五十个人的团队。

他为什么能发展得如此快呢？是不是他技术最好？最有经验？

都不是。

一些媒体在报道中，披露了张一鸣如下一些心得和经验：

第一，工作时，不分哪些是自己该做的、哪些不是自己该做的。

做完自己的工作后，对于大部分同事的问题，只要能帮助解决，就会去做。新人入职时，只要他有时间，就会向新人讲解工作要点。通过讲解，他自己也能得到成长。

第二，做事从不设边界。当时他负责技术工作，但遇到产品上的问题，也会积极地参与讨论、想产品方案。

从事互联网工作的人都知道：工程师的角色与产品经理的角色通常是矛盾的。

工程师往往负责开发，但产品经理思考更多的是如何让客户更好地接受产品。有时产品经理提出的一些问题，往往会与工程师的设计理念有矛盾，大大增加工程师的工作负担。

负责技术的张一鸣，更愿意去学习产品经理的思路，多一种思考和解决问题的角度，他坦承：

“我当时是工程师，但参与产品设计的经历，对我后来转型做产品有很大帮助。我参与商业的部分，对我现在的工作也有很大帮助。”

面对同样的问题，不少人会说这个不是我该做的事情。但张一鸣的认识是：

“你的责任心，你希望把事情做好的动力，会驱动你做更多事情，让你得到很大的锻炼。”

张一鸣的话，让人联想起吴军博士曾提到的一个案例。

吴军曾问某网站的一位工程师：

“一段30分钟的视频，在你的网站上被观看一次能挣多少钱？”

工程师回答说：“我是工程师，这个我不知道。”

吴军又问：“你们公司产品（视频）的广告点击率是多少？”

工程师回答：“这个和具体的内容频道有关，也和用户群有关，和插片的制作也有关……”

看得出来，这位工程师只关心与自己工作有关的事，与自己工作范围无关的事，他是不去关心的。

但是，看起来与工作范围无关的事，真的不值得去关心吗？

一个优秀的职场人，一定会知道：

自己的工作，仅仅是组织工作中的一部分。其他部门与团队的有关情况，其实是与自己的工作紧密相关的。

所以，虽然没人要求他这样做，但他自己应该主动去了解和掌握。

同样是工程师，张一鸣的做法，和上述这位工程师的做法，是不是形成了鲜明的对比？

假如你是领导，你更愿意给谁更多机会、愿意提拔谁呢？

现在有一个词“内卷”，专指职场人士不得不面对但又想摆脱的现象。

那么问题就来了：当陷入内卷危机的时候，是张一鸣这样的人更容易战胜危机，还是上述那位工程师更容易战胜危机？

结果不言自明：张一鸣这样的人，一般不会陷入危机，即使出现危机，他也能以最快速度脱离危机。

不仅如此，他还很可能带领团队跳出危机。

所以，不要说“多做一点点”的付出没有意义，其实点点滴滴都算数，都会成为未来的财富。

在职场中，面对问题，有三种人：

第一种，自己该了解的问题不了解，该解决的问题不解决。

第二种，能了解与自己岗位有关的问题，并将该解决的问题解决。

第三种，在对自己负责的同时还对别人负责，在解决自己问题的同时，还能帮助别人解决问题。

这三种状态，是按从低到高的方向排列的。

你解决问题的层次越高，你在职场发展的速度就越快。

在解决问题上你能付出更多的努力，你就能获得更多远超别人的机会。

因此，从现在起，请经常问问自己：

你是否解决了一个或几个棘手的问题，给别人留下了深刻的印象？

你是否做了几件业绩突出的事情，让你的领导和其他人十分欣赏？

假如你通过行动做了一件乃至几件让人佩服的事，就会迎来更大的发展机会，从成功走向更大的成功！

要“埋头苦干”，更要“抬头巧干”

新时代要有新的敬业精神，那就是重视效率与效益。

方向是金，方法是银。

方向是战略，所以要重视“抬头”。

方法是策略，所以要重视“巧干”。

不要以战术上的勤奋，掩盖战略上的懒惰。

警惕“知识折旧”和“能力折旧”。当遭遇职业瓶颈，就要反思是不是“将1年经验用了10年”。

不断发展的人，都是不断优化自己工作方式的人。

在当代社会，职场上最普遍也最需要解决的问题之一，是“低效勤奋”的问题：

不是自己不努力，但是努力的结果与付出不成比例。

一直在奔忙，但一直到不了该到的地方。

甚至还有的人，越是努力，越是吃力；付出越多，错得越多。

这时候，我们就要更新观念了。

以往，我们提倡“埋头苦干”。

现在，我们更重视“抬头巧干”。

埋头苦干要不要？当然要，没有足够的付出，就不会有任何结果。

但是，进入新经济时代，更强调效益，就应该更多重视方法和效率了。

“抬头巧干”有两重含义：

抬头是战略问题。

巧干是策略问题。

两者结合，就能让你更有效率。

一、不要以战术上的勤奋，掩盖战略上的懒惰

虽然我们重视方法，但请你记住这个观点：

方向是金，方法是银。

也就是说：虽然方法重要，但方向更重要。

方向关系到的是战略，战略问题是关系到全局、关系到发展的根本问题。

当然，从思维学的角度考虑，重视战略也属于思维范畴。

我们不应在战略上犯错，也不应在思考上偷懒。

在这一点上，小米科技的创始人雷军有着切身的体会。

他曾说过：

“不要以战术上的勤奋，掩盖战略上的懒惰。”

雷军曾加盟金山公司，并担任北京金山软件公司总经理等职务。

后来，他又创办了小米公司。小米手机一上市便屡创销售奇迹。小米公司也在香港上市，其发展速度远远超过金山公司的发展速度。

雷军好好反思了这一现象：

“为什么有人付出 100% 的努力只能换回 20% 的增长？反之，有人付出 20% 的努力，却能获得 100% 的回报？”

“金山公司的同事们非常勤勉努力，而且聚集了一群最聪明的工程师。但这家创立了 16 年的高科技公司，却整整花了 8 年时间才完成上市。而且是靠游戏概念上的市，这就是势的问题。”

“我领悟到，人是不能推着石头往山上走的，这样会很累，而且会被山上随时滚落的石头给打下去。人需要做的是，先爬到山顶，随便踢块石头下去。”

“我在金山公司待了 16 年，是公司的 CEO，我有选择公司发展方向的权力。所谓的机会成本和机会都在你手上，你可以选。这只能怨我自己，核心的问题在于我一再研究怎么提高战术水平，而没有意识到我们的问题出现在对形势的判断和考虑不够。”

我们发现一个很有意思的现象，有些人越忙越穷、越穷越忙。其根本问题，就是不愿意在战略上花更多的时间去思考。

所以，要让自己的付出更有回报，努力更有效率，就要在战略上花更多的力气。从未来发展更好的角度上，来安排自己的学习与行动。

刘强东是京东的创始人。他的成功让很多青年人羡慕，很想了解是什么造就了他后来的成功。

原因当然有很多，其中有一条，从媒体报道的一段经历中，或许可给人一些启示：

当刘强东在中国人民大学上学时，曾追过一位英语系的女同学。但这位女同学最终拒绝了刘强东，理由是他学的是“社会学系”，毕业以后不好找工作。

刘强东听到这个理由后，并没放松社会学课程的学习，但他的确意识到从未来发展的角度，自己应该多学一门知识，最后他选择了编程这一方向。他打听到一个亲戚在研究所从事编程工作，就每天骑车从学校到研究所去，挤出时间来向他学习。终于，在那个电脑并不算普及的年代里，刘强东利用非常有限的资源学会了电脑编程。

很多年后，刘强东创业急需资本支持，找到了今日资本的创始人、被称为“风投女王”的徐新。徐新在与刘强东交流投资时，很惊讶地发现社会学系毕业的刘强东竟然会编程。

更难得的是：刘强东在介绍时全程没有使用一张 PPT，而是直接打开京东网页，让徐新看到了他用互联网思维创业模式创造的商业奇迹。徐新一下被“征服”了。刘强东本希望获得 200 万美元的投资，徐新直接给了他 1000 万美元！

刘强东学编程的故事，或许带有一点偶然性，但是，因为别人一句话，就能激发他从未来发展的角度，来学习新知识、新技能，这样的眼光与魄力，就是战略思维的体现。

根据未来发展的趋势，对自己进行战略定位，并为此奋斗，必然会抢占先机，把握住更好的发展机会！

因此，请你问一下自己：

我是在“随大流”或应付式地学习和工作吗？

有没有从未来发展的角度，来思考该如何去做？

二、当遭遇职业瓶颈，就要反思是不是“将 1 年经验用了 10 年”

“你是把 1 年的工作经验当 10 年用，还是积累了 10 年的工作经验？”

这是曾经很受关注的一个话题。

这个话题值得重视，因为它涉及一个普遍现象：

工作干了很多年，遇到很大的瓶颈：报酬不见提高，升迁无望，空间越来越小。

于是，有的人愤愤不平，有的人会发出这样的疑问：

“我的路，为什么越走越窄？”

这时候，就要认真反思了：

时代在快速变化，“知识折旧”“能力折旧”也越来越快，你是在重复式努力，还是在与时俱进？

有一个毕业于名牌大学的人，就遇到了这样的问题。

他在单位里面干了好几年，总是按部就班地去做工作。

结果有一天主管领导把他狠狠地批评了一番，说：“你这个水平还真不如一个大专生。你这个名牌大学，到底是怎么读的？”

这让他格外羞愧与伤心。

后来他反思，自己到底错在哪里？错就错在没有用一种真正有价值的方式去开展工作。

之后，他参加了一些培训活动，懂得了一个道理：

要得到重视，就要把自己的优势与外在的需求进行紧密结合。

他发现：公司管理有些陈旧，如汇报工作时，要么是口头表述，别人记不清，要么是以文字形式，不少时候给人印象也不深。

而自己在大学时学过数据管理，善于分析数据，并会以画图的方式来体现。

于是他就主动做了一件事情，对公司的一些营销数据做系统分析，并以图表形式展示出来。

有一次，集团领导来视察工作，主管领导让他汇报。

看到他做的报告，既有数据分析还有醒目的图表，集团领导马上肯定地说：“我们的总结与汇报工作，就应该是这个样子，这也是以后公司要改进的方向。”

集团领导对他的印象特别好，于是让他负责更有挑战的工作，从此他走出了自己的职场新路。

是的，如今的环境要求我们不断学习新知识，掌握新能力，做出新贡献。

这时候，要想不落伍，要想有更好的发展，就要让自己与时俱进。

不妨问问自己如下问题：

1. 我每天、每周、每月、每年都学到了哪些新本事？

2. 我能为组织提供更有效率的措施吗？

3. 我能为公司或部门指出卓有成效的战略新思路吗？

如果你能经常思考上述这些问题，不断自我提升，就能更好地突破职业瓶颈，实现新的腾飞。

三、不断优化自己的工作方式

前面两条的内容说的是“抬头”，而这部分内容讲的是“巧干”。

对于一个想要在职场获得更好发展的人而言，不仅要努力工作，也要学会聪明地工作。

这就要不断复盘，不断超越，不断优化自己的工作方式。

资深电视节目制作人、《谁的青春不迷茫》作者刘同，就曾以这种方式不断发展。

刘同刚到电视台当编导时，和别的同事一样，也经常通宵工作。

刚开始，他以为做影视工作的人就该是这样。但通过观察和思考，他很快发现，如果懂得合理科学地安排时间，完全可以更快更好地完成工作。

以前他和大多数同事的工作方法都是这样：

采访结束后，拿着拍了两个小时素材的带子回到单位，先休息一下，然后再花两个小时将片子看一遍，接着开始写稿。

写完之后送给领导审核，之后去吃饭，吃完饭之后再开始编片子。

这样一来，忙到深夜甚至熬通宵也是理所当然的事。

他觉得这样的效率实在太低，于是决定改进以往的工作方法：

在采访现场，对于要拍哪些点，他会提前明确思路，并且让摄影师把这些点都拍下来，同时把能用的都记在本子上。

拍摄结束后，利用回单位路上的时间，将素材形成提纲。

回去后，将提纲打印并交给领导审核，总共花不了半个小时。领导审完之后他就开始配音，十几分钟片子就编好了。

用这样的方法，别人需要六七个小时才能完成的工作，他一个小时就能做完。

而从那以后，对每个工作环节都挤一挤，挤掉多余的水分和时间，也成了刘同的一个工作习惯。

同样的事情，比别人有方法、有效率，像这样去奋斗，发展的机会只会越来越多。

石油大王洛克菲勒在写给自己儿子的信中，讲过这么一句话：

“你要成为杰出的领导者，就必须让自己成为一位策略性的思考者。”

其实，不只是领导者需要成为策略性的思考者，在任何岗位、从事任何工作的人，都要有策略性的思考——

怎么做，才能让自己的工作创造更好的价值？

怎么做，才能更有效？

要想不断发展，就请不断优化你的工作方法。

不重过程重结果，不重苦劳重功劳

没有效率的忙是“穷忙”“瞎忙”！
低效勤奋，不仅对不起自己，也是对单位的不负责任。
做任何事情都应该有一个好的结果。
不仅要做事，更要做成事。不仅要有苦劳，更要有功劳。
不做“茶壶里的饺子”，要问自己“能不能做出更大成果”？
“结果思维”加上“功劳文化”，才是新时代的制胜之道。

忙碌是许多人的工作常态。

当你很忙的时候，你有没有想过：这份忙，的确是必需的吗？的确是有效率的吗？

要知道：没有效率的忙是“穷忙”“瞎忙”！

陷入无休止的忙碌中出不来，最要警惕的是出现这样一种情况——

开始时，你感觉忙。

接着就是茫然。

再接着就是盲目。也就是“忙——茫——盲”。

这种忙，其实就是一种低效勤奋——看起来很努力，很忙碌，但实际上，无论对自己，还是对单位，都是一种不负责任。

那么，这一现状该如何改变呢？

中关村一家著名集团提出这样的口号：

“不重过程重结果，不重苦劳重功劳。”

其实是想让大家在两方面努力：

一是重视“结果思维”，二是重视“功劳文化”。

可以说，这两句话已成为当代不少知名企业所倡导的企业文化。

这是一个特别适应市场经济和信息时代需求的新理念，体现的是对效率和效益的高度重视。

一、培养“结果思维”：做好了，才叫“做了”

不少老总向我反映了同一个现象：

安排下级做某些工作，过段时期去问做得如何时，下级回答说：

“做了。”

但是，当细问这件事具体做得如何时，领导不由地摇头：

“效果怎么是这样的？你难道不知道工作标准吗？”

这其实是职场中一种常见的现象：

某些人做事，只考虑过程，更贴切地说，只是“走过场”，至于效果如何，他并不去管，或认为根本与自己无关，并不负责。

这时候，最需培养的，就是“结果思维”。

不是仅“做事”，而是把事做成、做好。

也就是说，要对结果负责。

英特尔公司有 6 条深入人心的价值观，倡导要有“结果导向”，其中最核心的就是凡事都要注重落实到结果上。

而且这个结果是有时效而不是无限拖延的，他们不会花 10 年的时间想一个全世界最完善的方案，而是要始终做得比别人快、比别人好。

我们不妨借鉴一下著名职业生涯开发与管理专家程社明先生的经验。

程社明先生在课程中分享过一段亲身经历。

当时，他在一家从事制药的合资企业担任推销员。

有一次，公司通知内勤人员第二天早上按时到中心医院会议室开会。第二天，他提前20分钟就来到了会场，但直到会议开始前五分钟，仍不见其他人影。

他感觉不对劲，于是赶紧打电话。一问才知道会议地点不是在中心医院，而是总医院。

于是他急忙往总医院赶，结果迟到了11分钟。

他认为迟到不是自己的错，但经理还是让他写深刻的检查。

当他正在为自己受到这样的处罚感到愤愤不平时，当时发生的另一件事情彻底改变了他的认识。

那次会议之后没几天，在另一个小型会议上，经理问经营科长：

“我们在上海的市场开发工作做好了吗？”

科长说：“都做好了。医药公司已经同意进货，医院以及药剂科也同意买药，医生护士都进行了培训，他们愿意用我们的新药品。”

经理又问：“那为什么这些药还在我们的仓库里？”

科长说：“那是因为天津火车站没有车皮把我们的药运到上海，我也没有办法。”

经理听了，立即拍着桌子站起来吼道：

“只要药没到患者手里，就是你的错。你必须解决问题！”

于是科长对程社明说：

“咱们现在到天津铁路局去调车皮。”

程社明想：铁路局又不是我们开的，哪能那么容易，想调就能调到。

科长似乎看出了他的心思，于是说：

"经理说得对，只要药品没到患者手中，就是我们没有完成工作。我们去争取吧。"

后来经过与铁路局的协商，车皮终于安排好了，药很快就运到了上海。

通过这件事，程社明明白了什么叫对顾客负责、什么叫对结果负责。

从这个故事中，我们可以看到如何通过对结果负责来保证将工作做到位：

1. 做任何工作之前，先想清楚要达到什么样的目的和效果，必要的话，将它们逐条列出来；

2. 为达到这些目的和效果，需要具备什么样的条件，应该采取怎样的方法，也逐条列出来。

3. 哪些条件是已具备的，哪些条件是尚缺乏的，对于缺乏的条件，应该怎样弥补。

4. 如果发现流程不对，就要改善流程。如果发现方法不对，就要改善方法。

5. 不管遇到多大的困难和阻力，都要有"没有不能做，只有不肯做"的心态，穷尽一切可能，想尽一切办法，确保完成任务。

这是一种新的做事风格。它让我们不只是停留在过程的层面，而是对结果负责：

做好了，才叫"做了"。

二、不做"茶壶里的饺子"，要问自己"能不能做出更大成果"

我们经常听到某些人说："没有功劳有苦劳。"

他们的理由很简单，"苦劳"也是自己的劳动，很辛苦，获得报酬是理所应当的。

但是，不知道这些人想过没有：

没有功劳、只有苦劳，不仅是对自己不够负责，而且对单位也不够负责，反倒有可能损耗公司的财力、物力，带来不必要的浪费。

有一次，我应邀为国内有名的保健品企业黄金搭档集团培训来自全国的业务经理。

期间，我发现该公司的企业文化有关键的5条，摆在第一的就是“只认功劳，不认苦劳”，并对之进行了解读。

“干工作，目标明，分主次，抓效率。追求大业绩，不做无用功。”

这样的提法，将“功劳”上升到一个更高的位置。

那么，华为的创始人任正非又是如何认识这一问题的呢？

任正非用了一个十分形象的比喻：

茶壶里的饺子，倒不出来，不产生贡献，我们是不承认的。

华为公司价值分配的基本理念叫“获取分享制”，意思就是以“倒出来的饺子”来衡量员工的贡献。

那么，我们该如何来重视功劳、争取有更大功劳呢？

我有一个深刻的体会，就是要培养“能不能出更大成果”的思维习惯。

我曾经在《中国青年报》担任记者多年，后来离开报社到了另外的单位发展。然而让我没有想到的是，《中国青年报》刊登了报社“改革开放30年最值得纪念的事件”，我的一篇报道——《海南“博交会”事件引发一场讨论——社会主义市场经济呼唤新秩序》名列其中。

这既让我感到欣喜，又引起了我的思考：为什么这篇报道在经过那么多年之后，还有如此的生命力，甚至被单位作为里程碑式的报道记录下来？

那是20世纪90年代，我在《中国青年报》任海南记者站记者时，采访并报道了一件大型诈骗事件：

有一次，我傍晚出差回来，坐车经过省政府门口，发现那里聚集了很多人。

凭着记者的敏感，我觉得一定有事情发生，于是当即下车去了解情况，才知道这些人是来上访的。

而且这些人的身份是来自全国各地的企业老总。

我很快摸清了基本情况：这些老总们都曾接到电话，说海南要召开一个博交会，机会难得，让他们带着钱和货物来参加。

因为通知他们的公司，拿着海南省某重要单位经济工作部的介绍信，所以他们也都深信不疑。

可到了海南，该交的钱都交了，该带的货物也都带来了，却发现所谓的“博交会”根本就没有买家。

也就是说，这个博交会是场骗局！老总们有货无处卖，有的连吃饭的钱都快没有了，一气之下就集体跑来省政府反映情况。

这次采访会很不顺利。有人粗暴地制止我采访和拍照，我的记者证被撕成了两半，更糟糕的是，连相机里的胶卷也被没收了。

但我仍然留下来采访，并及时向报社领导汇报情况，得到领导的大力支持。我的报道第二天就登出来了，引起了强烈反响。

但没有想到，那家邀请各地企业老总来参加“博交会”的公司开始倒打一耙，污蔑这篇新闻是虚假报道。顶着巨大的压力，我继续跟踪采访，刊发了一系列报道，并直接找到省委领导进行交流。

省委领导立即批示对此事进行严肃处理。之后，事情得到了合理的解决，骗子被抓，给骗子提供介绍信的重要部门也受到严肃处理。

照理说，事情做到了这种程度，该受处罚的人已经受到了处罚，也算是很圆满了。

但这时，我没有满足于此，而是思考一个问题：

能不能进一步深挖，将这一事件的意义做透、做足，让它的社会价值最大化呢？

我进一步分析思考，类似的现象当时在全国有普遍性，从深层次来看，说明在从计划经济向市场经济转轨的过程中，秩序已经出现问题。市场经济需要呼唤新秩序。

为此，我们组织了一个大型研讨会，邀请许多知名企业的老总进行深入的讨论，并写了《海南“博交会”事件引发一场讨论——社会主义市场经济呼唤新秩序》，刊登在《中国青年报》的头版头条。

这是《中国青年报》首次在全国提出“社会主义市场经济新秩序”问题，引发了人们对市场经济新秩序的思考和讨论，这组报道获得了中国新闻的最高奖项——中国新闻奖。

事后我总结出，假如当初我没有介入，可能抓不住这样一条在全国有影响力的大新闻。

与此同时，假如我没有“还能不能做出更大成果”的思维，而是就事件本身谈事件，没有把它放到当时整个社会的大背景中去思考，那就不可能引发这场大讨论，正因为有着将新闻价值最大化的意识，并为此努力，所以我最后拿到了中国新闻奖。

这个故事虽然发生在新闻行业，但树立“能不能做出更大成果”的思维习惯，在其他领域同样有价值。

三、改“低效勤奋”为“像效率专家那样思考”

可以确定地说：“不重过程重结果，不重苦劳重功劳”，已经成为一种职场认可的价值观和用人观。

懂得了这一点，我们就要把追求效率作为基本要求，逼迫自己提高效率。

多年前，刘润老师曾写过一篇《一个出租车司机的 MBA 理论》的文章，所写人物就是一个以方法提高效率的高手。

那时还没有网约车。许多开出租车的人的做事方式与效率相差不多。但刘润老师记录的一位司机，却让人看到了完全不一样的情景。

刘润有一天要从上海的徐家汇赶去机场，于是打了一辆大众出租车。在车上，司机向刘润分享了如何运用智慧赚更多的钱的思路和做法，而刘润老师的分析与总结更是十分精辟，让人感觉这真是一堂生动的 MBA 课。

我们来分享一下刘润老师笔下，这位出租车司机的超群思维：

“我做过数据分析，每次载客之间的空驶时间平均为 7 分钟。如果一个起步价 10 元的里程，大概要开 10 分钟。也就是每一个 10 元的客人要花 17 分钟的成本，就是 9.8 元。不赚钱啊！如果说遇到去浦东、杭州、青浦的客人是吃饭，遇到 10 元的客人连吃菜都算不上，只能算是撒了些味精。”

这哪里只是一位出租车司机，分明是一位精明的成本核算师。而更难得的是：这位司机拥有非常出色的时间成本的概念，一般人很难有这样的意识。

有了成本核算后，接下来该怎么办？

“千万不能被客户拉着满街跑。而是通过选择停车的地点、时间和客户，主动决定你要去的地方。”

那么这位司机又是如何做到主动决定自己要去的地方的？

“那天在人民广场，三个人在前面招手。一个年轻女子，拿着小包，刚买完东西。还有一对青年男女，一看就是逛街的。第三个人是里面穿绒衬衫、外面套羽绒服的男子，拿着笔记本包。我看一个人只要3秒钟。我毫不犹豫地停在这个男子面前。

“这个男子上车后忍不住问，为什么你毫不犹豫地开到我面前？……我回答说，正是中午的时候，还有十几分钟就1点了。那个女孩子是中午溜出来买东西的，估计公司很近；那对男女是游客，没拿什么东西，不会去很远；你是出去办事的，拿着笔记本包，一看就是公务。而且这个时候出去，估计距离应该不会近。那个男子说，你说对了，去宝山。”

那么他这样做，效果又如何呢？

“在大众公司，一般一个司机一个月能拿3000～4000元。做得好的大概有5000元左右。顶级的司机每月能挣7000元。全大众公司有20000个司机，大概只有2～3个司机，万里挑一，每月能拿到8000元以上。我就是这2～3个人中间的一个。而且很稳定，基本不会有大的波动。”

这位司机的思维真让人震惊和佩服。和这位出租车司机相比，别的出租车司机做的是同样的工作、花的是同样的时间，但为什么效益却相差那么多？

其实差别就在于两点：有没有效率意识，会不会“用脑工作”。

刘润老师的这篇文章写得太好了，我认为这是当时我所见过的最生动又最给人启示的文章之一，所以不仅在管理课堂上建议大家一起学习并讨论，而且将这篇文章引用到我的一本书中，并因此倡导一种“市场经济时代的新敬业精神”。

以往，我们倡导的敬业精神，往往是埋头苦干的“老黄牛”精神。那么，当今时代的新敬业精神是什么呢?

那就是“老黄牛也要插上智慧和效率的翅膀”。

无论做什么工作，哪怕是最普通、看起来最没有“技术含量”的工作，只要加入思考与方法，就能够做到高人一筹。

当我们从一味地埋头苦干中走出来，用心去寻找方法时，就会发现，原来每一份工作、每一件事情，都可以用最省时省力的方式做出业绩，更有效率。

各行各业都可提高效率。

如何提升效率，我们可以向美国汽车大王福特学习。

他不仅是著名企业家，也是一个真正的效率专家。

福特被誉为“把美国带到流水线上”的人，为何他能得到这样赞誉?在某种程度上，是由于他发明了现代流水线作业的方式，从而大大提高了工作效率。

福特是一个酷爱效率的天才，曾经对人们浪费时间的各种恶习进行了总结，并严加抨击。

下面是福特所总结的人们浪费时间的恶习，对照一下，在我们身上，是否也存在同样的毛病：

- 打太多的电话。
- 拜访太多的朋友，而且每次待的时间太久。
- 写过长的信件，其实只要很短的篇幅就可以把事情交代清楚。
- 花太多的时间处理细枝末节，结果反而忽略了大事。
- 所读的东西既没有提供任何信息，也没有任何启发性。

- 花在玩乐上的时间太多，而且次数也过多。
- 与对自己没有任何启发的人在一起的时间太多。
- 花在读广告传单上的时间太多。
- 当应该着手进行下一项工作的时候，却往往停下来对别人解释为什么要这样做。
- 应该利用晚上的时间去夜校吸收知识，但事实上，大多数的人都把晚上的时间用来看电影。
- 上班的时候应该专心做好事先规划好的工作，但事实上，许多人都把时间用来做白日梦。
- 在不重要的事情上投注宝贵的时间和精力……

在总结这些之后，福特痛心地说：

“人们每天花在这些没有必要的事情上的时间，数量说起来是这样惊人。除非我们把自己从这些事情中解放出来，否则我们无法成为一个有成果的现代人！”

福特总结的这些现象，在你身上体现得明显吗？

福特的总结，能给你大的触动吗？

有一位著名的商界精英，工作效率奇高。他是怎么做到这点的呢？

他在每个工作日开始做的第一件事，就是将当天要做的事分为三类：

第一类是能够带来新生意、增加营业额的工作；

第二类是为了维持现有状态，或使现有状态能够持续下去的一切工作；

第三类是必须去做、但对企业和利润没有任何价值的工作。

在完成所有第一类工作之前，他绝不会开始第二类工作。在完成第二类工作之前，也绝不会着手进行第三类工作。

他还要求自己：

“必须坚持养成一种习惯：任何一件事都必须在规定好的几分钟、几天或几个星期内完成，每件事都必须有一个期限。如果坚持这么做，你就会努力赶上期限，而不是无休止地拖下去。”

这位商界精英通过现身说法，讲述了如何分秒必争、期限紧缩的价值。

照他那样做，你的效率也会大大提高。

只要精神不滑坡，方法总比问题多

一个人之所以不成功，就在于对问题屈服：无端地将问题放大，把自己看轻。

其实，只要你努力去找方法，怎么会找不到呢？

想方法才会有方法，想方法就会有方法。

问题只会有一个，方法却有千万条。

懂得了这一点，我们不仅能提高找方法的自信，找方法的能力也会越来越强。

一、找借口还是想办法——失败与成功的分界线

“只要精神不滑坡，方法总比问题多。”

这条标语醒目地贴在车间大门前。

我立即被它吸引住，不由请教主人：

你们为什么把这条标语摆在车间最显眼的地方呢？

主人微微一笑，给我讲了一个故事。

他讲得很平淡，但我却受到了深深的震撼。

那是一个在农村活不下去的人，通过不断进取和想方法，创造了亿万财富的故事。

更是一个不断通过改善方法改变命运的故事。

如果你也能像他一样，或许你也能创造出连自己都不相信的奇迹。

在内蒙古一个偏僻、贫困的小村庄里，有一位普普通通的年轻

人。有一次，他的家人生了病，因为没有钱，根本请不起医生。万般无奈之下，年轻人想向乡亲借2元钱给家人看病，然而走遍了整个村子，也没能借到。

不是乡亲不愿意借，而是因为他们实在太穷了。

这件事对年轻人刺激很大。他觉得：再这样在村里待下去，肯定毫无希望。

于是，在19岁那年，他带着6个窝窝头，骑着一辆破单车，到80公里外的城里去谋生存。

城里的工作本来就不好找，加上他高中都没有毕业，学历低，要找一份好工作更是难上加难。

他好不容易在建筑工地上找到了一份打杂的小工。一天的工钱是1.7元，对他而言只够吃饭，但他还是想尽办法每天省下1元钱，接济家人。

尽管生活得十分艰难，但他还是不断地对自己说："绝对不能永远这样。"

要与众不同，就得比别人多付出努力。抱着这种信念，他不断地努力。2个月后，他被提升为材料员，工资加了1元钱。

这是他的第一个阶段：靠比别人多付出而得到了第一步的发展。

到第二步，他开始重视方法。

他认为：要在新单位站稳脚跟，就得创造别人没有的价值，成为单位不可缺少的人，得到大家的认可。那么，怎样才能做到这点呢？

冥思苦想之后，他终于找到了方法：

工地的生活十分枯燥，他想，能不能让大家的业余生活过得丰富一点呢？于是，他拿出自己省下来的一点钱，买了《三国演义》《水浒传》等名著，认真阅读后，讲给大家听。

从那以后，晚饭后的日子是大家最开心的日子。每天工友们开心的笑声，都是对他的极大奖赏。

更没有想到的是，一天晚上，老板来工棚检查，看到了这一幕，觉得他是一个能给大家创造价值的人，同时也发现了他有不错的口才，就不让他做苦力活了，而让他做业务员。

这是他的第二个阶段：尽力打造个人影响力。

接着，他进入第三个阶段：将主动找方法的特长，运用到方方面面。

对工地上的所有问题，他都抱着一种主人公的心态去积极处理：

夜班工友有随地小便的习惯，怎么说都没有用，他想尽办法让大家文明如厕；

一名工友性格暴躁，喝酒后与承包方发生争执，他想办法平息矛盾，做到使各方都满意……

别看这些都是小事，但领导都看在眼里。慢慢地，他成了领导不可缺少的左膀右臂。

之后，他就进入第四个阶段：抓住良机创业。

有一天，工地领导告诉他，公司本来承包了一个工程，但由于这样那样的原因，工程可能做不下去了，于是决定放弃。

作为一个凡事都爱想方法的人，他力劝领导别放弃。领导看着他充满自信的脸，突然说了一句话：

"这个项目我没有把握做好。如果你看得准，可以由你牵头来做，我可以给你提供帮助。"

他几乎不相信自己的耳朵：这不是给自己提供了一个可以自行创业的最好机会吗？

他毫不犹豫地接下了这个项目，然后自信百倍地干了起来。

但遇到的困难是出乎意料的，光要盖的公章就有 17 个，但他还是想尽办法，一个个都盖下来了，终于，项目如期完成了。

他掘到了人生的第一桶金。

在他进城 5 周年的时候，他算了一下自己的家产，已经有整整 300 万元。

这位年轻人尝到了用不懈的进取精神和不断想办法解决难题的益处，从此更加努力。

后来他不仅拥有当地最大的建筑队，还是内蒙古最大的草业经营者之一，每年有 1 万多户农民给他提供玉米、草等饲料。

拥有很多财富的他，在贫困的故乡，建起了一个全世界闻名的金霉素生产厂，很多父老乡亲跟着他走上了脱贫致富的道路。

这位创造了奇迹的人，就是带我参观企业的主人。他叫王东晓，是内蒙古金河集团的董事长。

与王东晓的交流是一种享受。他说：

“我为什么要让每个员工都认识到‘只要思想不滑坡，方法总比问题多’的理念呢？因为，我觉得这是成功最重要的理念之一！

“人的一生，是不断遭遇问题并与问题进行战斗的一生。问题无穷无尽，假如我们不主动找方法解决，我们能够打赢这场‘战争’吗？”

他继续强调说：

“我们之所以不成功，就在于对问题屈服。

“无端地把问题放大，把自己看轻。其实，只要你努力去找方法，你怎么会找不到呢？而且找得越多，你就越来越会找，当然是方法总比问题多了！”

很有意思的是，不久后我参加内蒙古另外一家著名企业蒙牛乳业时，董事长牛根生也对我说：

“信奉方法总比问题多，并在工作中不断去找方法解决问题，这是一个人最重要的素质之一。

“在一个单位，不管是领导还是员工，只要把着这样的精神，有什么困难不能克服、有什么问题不能解决呢！”

其实，不止在内蒙古，在北京、上海、香港、新疆……这些年我都遇到了不少优秀的人，不管是领导还是员工，他们的确都有着这种“方法总比问题多”的精神。

“方法总比问题多”，其关键在于“只要精神不滑坡”。那么，怎样才能“精神不滑坡”呢？

二、想方法才会有方法，想方法就会有方法

这是充满魔力的两句话。

前面的一句说的是：方法不会自动产生。只有你认真去想，它才能产生。

后面一句说的是：只要你下工夫去想，好的方法就有可能产生。

这两句话对我们如何提高思维方式，是很有帮助的。

没有人能一步登天。天才也非天生之才，而是不断锻炼自己脑力的结果。

知道了这两点，不管起点如何，我们都能通过不断找方法、开发脑力以求得更大发展。

美团是当下创业成功的案例之一。之所以成功，与创始人王兴和他的团队骨干善于思考、善于解决问题很有关系。

但是，他们也不是向来就这么会解决问题的。

重读王兴与伙伴们的创业历史，我们就能看到：他们如何从不会到会、从青涩到高手。

王兴早期创业时，有一个明显的缺陷：

只注重开发产品，缺乏市场推广能力。

这也难怪，他是创业团队中的理工男。市场推广能力本来就是他的弱项。

怎么办？

不断提高自己，尝试多想方法吧！

他们做了一个社交网站校内网。

当时，多数人认为社交网站是陌生人社交，上网是为了认识陌生的人。当时有一句话很流行，在互联网上你不知道跟你聊天的是一个人还是一条狗。

但王兴他们觉得应该做一个熟人社交的网站。这就是他们做出的最重要的决策：做一个基于真实关系的社交网站。

这是一个革命性的想法。但是，出于不熟悉模式以及自我保护的心态，大家并不愿意在网站上留下真实姓名。

既没有现成经验，也没有营销大师做推广，但他们就凭着朴素的生活经验，开始去寻找打开影响力的方法。

第一次推广的方法，是创造性地参与清华电子系学生节门票抽奖活动。

清华电子系是一个拥有上千人的大系。但由于礼堂只能容纳几百人，每逢学生节，往往一票难求，通常一个 6 人寝室只能分得 2 张票。

这时候，王兴他们就赞助电子系学生节活动，用1000 元换来 100 张票，拿着这些票在校内网上做抽奖。

在抽奖中，他们要求注册者必须填写邮箱、姓名、专业，上传头像，信息必须都是真实的。

这一下拉来了 800 多个真实用户，都是清华电子系的学生。

当时北京地铁线路不多，有些班次的火车发车时间也不方便。一到放假，很多学生需要半夜去火车站，等到凌晨 3、4 点上火车。

那么，能不能通过帮助大家方便去火车站来拉到客户呢？

于是他们想了另一个点子：租大巴车将大学生从学校送到火车站。

校内网发起了这场活动：

清华、北大、人大三所学校的学生，需要在校内网注册账号，为了安全起见，必须上传真实头像，填写真实资料，名字、学校、专业，填写哪一天哪个时刻到哪个火车站，同一时刻同一地点的，够50人就发车。

这是一个很好的创意，激发了参与者自发推广。

为了早点儿凑满50人，学生主动到处宣传，拉老乡注册报名同一辆大巴车，甚至还没上大巴车就知道同车的有谁。

而且更有意思的是，有些男生为了跟一位女生认识，哪怕不坐火车也坐大巴车去火车站。

大巴车租金为500元一天。王兴花了1.4万元，发展了8000名新用户。

这些种子用户，跨学校、跨专业，男女都有，同学们逐渐开始在这个网站上互动起来。

当然，还有其他即兴的点子，如在晚自习时冲进教室，迅速在黑板上写上校内网的宣传语。

此外，还曾采用校园大使的办法进行线下推广等。

应该说，他们所采取的方法，有的没有多大效果，有的却效果颇好。

就是在这种不断行动、不断尝试中，他们慢慢摸索出了种种推广的方法，一个纯工科背景的团队，通过不断尝试与训练，成了越来越能想出营销方法的高手。

在培训中，我常常给学员讲这样一个概念：

“发动机只有发动起来才会产生动力，同样，想办法才会有办法！”

王兴和他的创业伙伴，从不懂得推广到后来想方法做推广，并实现了理想效果的经历，给了我们难得的启示：

人的思维神经有如人的肌肉。不练，好的肌肉也会萎缩。相反，越练习就能越强大。

越去找方法，便越会找方法。

只要能够战胜对艰难的畏惧，下决心去思考，就会越来越掌握找方法的窍门，越来越智力超群。

三、“问题只会有一个，方法却有千万条”

我曾经应邀为《重庆晨报》《重庆日报》做培训，对先后担任这两家报社总编辑的张永才分享的经历和感悟，留下了深刻印象。

我觉得，那是对“方法总比问题多”的极好阐释。

当时讲课的主题是“做最好的中层”，其中提到一个理念“超越汗水型中层，做智慧型中层”，就是要大家不要停留在“忙”和“累”的层面，而要多动脑筋想方法，去创造性地开展工作。

大家觉得这个观点很好，但是，如何去动脑筋解决问题呢？

有的学员还是有点畏难：有些问题实在是太难解决了，有时就是束手无策啊。

这时候，张永才总编辑现身说法，讲述了自己的一段亲身经历：

多年以前，他是西南一家报社的广告部负责人。

当时单位让他牵头，要做一次该省有关企业在全国打开知名度的活动。

他通过分析，觉得竞争中央电视台新闻联播后的广告时段是一个不错的选择，便组织了一批企业家同去中央电视台。

但接触后他才知道，该时段的价格在不断上涨，尤其这几年竞争“标王”的活动，使得这一年该时段的广告价格还会大幅度提高。

而与此相矛盾的是：这次该省参加在全国打开知名度的企业，实力相对不足，要单独拿下那一时段的广告，都有困难。

但张永才没有放弃，通过认真思考，他突然有一个灵感：

电视台只要在某个时段里面能拿到相应的广告费就可以了，并没有说一定要某家企业包下这一时段。

假如让几家企业共同包下这一时段，不是也可以吗？

这是一个以前没有过的做法，但当张永才把这个想法与中央电视台沟通的时候，竟然很快得到了他们的同意！

然后，张永才将这一消息与那些企业主一说，立即有多家企业踊跃报名。

面对一个难以解决的问题，张永才抱着非解决不可的态度，换个角度一想，竟然很快就解决了！

在谈到如何解决这一问题时，张永才讲了一个非常精彩的观点：

"问题只会有一个，方法却有千万条！

"问题是死的，人是活的。这条路想不通，想另外的方法兴许就能成，怎么能轻易放弃呢？"

讲得真好。我认为，这正是"方法总比问题多"中的核心理念"只为成功找方法，不为失败找借口"的理想注解！

他的这个理念，不仅能提高我们解决问题的自信，还让我们越来越拥有会找方法的能力。

那么，在具体实践中，我们该如何通过思维方式的转变，将"绝不可能"改为"绝对可能"呢？可以这样做：

第一，首先改"我做不到"为"我应该如何去做"。

第二，将遇到的问题和困难一一列出来。

第三，思考要解决这些问题和困难，需要具备什么条件？

第四，创造条件，促使问题彻底解决。

四大方法绝招，助你成为职场高手

四大绝招，可以让你成为职场高手：

1. 我能采取什么办法确保解决属于我的问题？（本职工作）

2. 我能采取什么方法解决其他人的问题？（超越“本职工作”）

3. 这个问题有什么“更优解”？（更有效率）

4. 我还能有什么方法让这类问题完全消解？（根治问题）

这也可分为四大层次。只要你围绕这四点不断想方法，就会成为越来越受欢迎、越来越有发展的人。

在职场中，我们发现不同人的发展是不一样的：

有的人爬行，有的人正常速度前进，有的人在奔跑。

而有的人，却是在坐着火箭腾飞。

其中区别，往往与一个人面对问题和解决问题的能力有关。

在我讲授“方法总比问题多”的课程时，总有人问我：

“老师，我们懂得不找借口找方法的重要性了。能不能提供一个行之有效解决问题的技巧，让我们经常练习，以成为格外有发展力的人？”

经过多年研究，我发现优秀职场人士在善于解决问题方面，往往有四大绝招。

这四大绝招可以概括为四句话，既简单易记，又有很好的操作性。

只要经常问自己这四句话，并在这些方面努力想方法，就可能成为不断有发展的人。

一、我能采取什么办法确保解决属于我的问题

这是从完成本职工作的角度解决问题。

这里有两大关键：

1. 不要找任何借口。

2. 找到切实可行的方法，直到把问题解决。

有一次，在一个高级总裁班上，我让大家分享自己职场进阶的心得。

一位姓黄的老总讲述了自己的故事：

10 多年前，他在一家建筑材料公司当业务员。

当时公司最大的问题是如何讨账：产品不错，销路也不愁，但产品销出去后，总是无法及时收到款。

有一位客户，买了公司 10 万元产品，但总是以各种理由迟迟不肯付款，公司派了三拨人去讨账，都没能拿到货款。

当时他刚到公司上班不久，就和另外一位姓张的员工一起，被派去讨账。他们软磨硬磨，想尽了办法。最后，客户终于同意给钱，叫他们过两天来拿。

两天后他们赶去，对方给了一张 10 万元的现金支票.

他们高高兴兴地拿着支票到银行取钱，结果却被告知，账上只有 99920 元。

很明显，对方又要个花招，他们给的是一张无法兑现的支票。

第二天就要放春节假了，如果不及时拿到钱，不知又要拖延多久。

遇到这种情况，一般人可能一筹莫展了。

但是他突然灵机一动，拿出 100 元钱，让同去的小张存到客户公

司的账户里去。

这一来，账户里就有了10万元。他立即将支票兑了现。

当他带着这10万元回到公司时，董事长对他大加赞赏。之后，他在公司不断升职，先是成为部门经理，之后当上了公司副总经理，后来又当上了总经理。

这个精彩的讨账故事，博得了大家阵阵热烈的掌声。

在谈到为什么能做到这点时，他总结说：

“不管是谁，不管在任何岗位，先要把自己的本职工作做好。当遇到问题，绝对不可躲避或敷衍，而是要主动想办法解决。因为，这是你的责任！”

从岗位的要求，意识到这是自己的责任，要解决问题，还有很重要的一点，就是不断想办法提升自己。

我所在单位从前有一位年轻员工，从事的是客户服务工作。

一次，有位客户打电话过来，在交流过程中把她骂了一通，她向我诉苦。可是，关于服务工作，我们一直倡导“把‘对’先让给客户”。于是，我不仅没有认同她，而且让她反思在这次与客户交流过程中，有哪些需要改进的地方。

她当时脸一下就涨得通红，眼泪在眼眶里直打转。

我那时因为着急去培训，很快就走了。

培训结束时已很晚，我回单位拿一份材料，却发现办公室亮着灯，她竟然还没有回家，而是在进行复盘：一方面反思自己在这次沟通中的不足之处；另一方面，也在找各种资料，学习如何提高自己的沟通技能。

慢慢地，她与客户的交流越来越顺畅，经常是“零阻力沟通”，成为给客户印象最好的人。后来，她还被提拔为客户部经理。

上述故事，告诉我们一个职场发展的基本规律：

不要抱怨没有机会。首先做好本职工作，解决属于自己的问题，就是机会。

通过解决这些问题，你敢于负责的态度和解决问题的能力才可以得到印证，你也才拥有得到认可的资本。

二、我能采取什么方法解决其他人的问题

这就是要跳出“本职工作”的界限，关心团队、单位等方面的问题，尤其是对单位和团队发展很重要的问题。

在这方面，著名职业经理人李开复给大家树立了好榜样。

李开复历任微软副总裁和谷歌副总裁等职。他刚入职场时，曾经在苹果公司担任技术工程师。

有一段时间，公司经营状况极为不佳，员工士气也比较低落，如果不立刻找到突破口，只会使问题越来越严重。

这些问题本应该由市场部来解决，并不在李开复的工作范围之内。

可李开复没有这么想，他认为作为苹果公司的一分子，应该主动帮助单位去解决问题。

有一天，他发现这样一个现象：

苹果公司有许多很好的多媒体技术，可是因为没有用户界面设计领域的专家介入，这些技术无法形成简便、易用的软件产品。

他兴奋地想：

“这不就是一个问题的突破口吗？”

于是，他立即写了一份题为《如何通过互动式多媒体再现苹果昔日辉煌》的报告，提交给公司的管理层。

他的意见得到公司管理层的高度重视，一致决定采纳。

不仅如此，公司还将他提升为媒体部门的总监，让他本人挑大梁，牵头来解决这个问题。

李开复不负众望，尽管遇到了这样那样的问题，他都带领团队一起去解决。

结果，苹果公司平安地渡过了这次危机。

多年后，李开复遇到了一位当年在苹果公司的上级。上级感慨地对他说：

“如果没有那份报告，公司就很可能错过在多媒体方面的发展机会，今天，苹果公司的数字音乐可以领先市场，也有你那份报告的功劳啊。”

如果你是李开复，遇到这样的情况，会怎样做呢？

可能不少人想不到这些问题，也不会去揽这样的“分外事”。

李开复了不起的地方，体现在如下几点：

1. 把单位的问题当成自己的问题来解决。

2. 超越自己的位置来思考更高层面的战略问题。

也就是说，下级也要从上级的角度来思考问题。

3. 不只是主动发现问题，还要善于解决问题。

正好印证了这样一句话：

当你将文员的工作干出总监水平、将总监的工作干出总裁水平的时候，就不愁没有升职和发展的机会了。

三、这个问题有什么“更优解”

不仅仅满足于解决问题，而是进一步寻求更好的解决问题方式。

也就是说：

解决的方法要更有效率，而且能给人惊喜。

在青岛某商场工作的海尔空调直销员刘玉华就是这样做的一个典型。有一次，天气特别炎热，她接到一个电话：

"我想选购那套 MRV 一拖三空调，而我丈夫出差了。天气又这么热，你们能马上给安装吗？"

因为电话购买空调的用户真是太多了，忙碌的刘玉华一开始并没有发现特殊性。

但在快挂电话时，刘玉华却发现了一个细节：电话里有小孩子的哭声。

刘玉华立即回复：

"放心吧，我们的安装人员半小时之内赶到。"

挂了电话，刘玉华不仅马上安排好上门安装的专业人员，又调派一名女促销人员带上一盒崭新的痱子粉同去。

20 分钟后，海尔的设计安装人员到了用户的住处，开始安装空调。

与此同时，同行的女促销员发现女主人抱着的孩子一直哭闹不停，就请女主人检查小孩的后背，发现果然起了痱子。

女促销员立即拿出带来的那盒痱子粉，轻轻地给孩子擦上。

其余的放在了孩子的床头。大概是痱子粉让孩子舒服了许多，一会儿小孩便睡着了。

女主人被深深地感动了：

"我本来只是想买一套空调，可是你们却带给我这么多的关照。"

在感激之余，女主人把痱子粉的故事讲给了楼上的其他 4 家住户，这 4 家住户先后都安装了海尔空调。

小小的一盒痱子粉却感动了顾客，换来了顾客的认可，并给单位带来了更多的效益。

最早想到并安排人送去痱子粉的刘玉华，就是因为常比别人想得多，能给客户提供超乎想象的服务，获得了“十大创造感动的海尔人”称号。

那么，从方法学的角度讲，她给我们留下了什么启迪呢？

第一，提高工作标准。仅仅把工作“做了”是不够的，优秀的人更重视“做好”。

第二，“用手不如用脑，用脑不如用心。”一流的职业素养和方法，都更多来自勤于用脑和积极用心。

第三，你给别人创造惊喜，别人可能回复你更大的惊喜。

我认为，不管是与客户打交道还是完成领导布置的任务，还是其他方面，按实现结果可分为三种状态：

让人失望；

满足期望；

超乎期望。

最优秀的人，往往是超乎期望的。

寻求这样的“更优解”，可会遇到更大的挑战，但是，你的能力会得到更大的提升，也能创造更大的机会。

如果我们在工作中不仅仅以完成任务为目标，而是寻求更优解的话，无论干什么工作都能得到成长。

四、我还能有什么方法将这类问题完全消除

注意，这里说的是“这类问题”。

体现在具体做法上，不是解决问题，而是根治问题。

我们且来再看一个海尔集团的真实故事：

海尔集团电子事业部的物料配送存在效率不高的问题。海尔物流推进本部负责人霍胜军去现场仔细观察，一盯就是 6 周。

他不仅要发现问题存在的症结，而且想实现一个目标：

让 6 人干 21 人的活儿。

本来 21 个人干活儿都会出现问题，现在让 6 个人干 21 个人的活儿。这不是天方夜谭吗？

但霍胜军还是让 6 位发料经理各就各位，其余的 15 人进入“休息室”。

果然，一开始就出现了问题，“缺料！”“少料！”“错料！”报警单不断从生产线发过来，6 位发料经理手忙脚乱，还是无法及时处理。

莫非真是人手不够？

但霍胜军经过考察后认为，人手够用，但是流程不对。

接着，他与配送中心、信息中心等部门一起商讨，在流程上进行大革新。

很快，物料周转库上了扫描系统，出入库物料信息能做到及时反馈。他还要求发料经理“投入产出”一致，做到人、订单、收入挂钩。

这样一来，一些原来没有被发现的问题，一一暴露出来了。如一次，一位发料经理的投入产出不一致，到晚上 9 点多盘点时，被事业部警告 11 次，随即被索赔。这位自尊心很强的老员工第一次被“索赔”，竟哭出了声：

“这几周你们怎么说我怎么改，早出晚归，我儿子已经近一个月没看见我了。我这么卖力，凭什么还要罚我？”

对于这件事情，霍胜军心里也十分难受，但他认为提高员工的做事能力这件事不能松懈。

他分析整合资源，对货架进行“信息化”改装，发明了“智能货架”，生产线上只要缺哪种料，货架上这种料上方的红灯就会亮。

6 周之后，6 个人终于干好了 21 个人的活儿，发料经理送料的错误率降为了零。

更有意思的是，那位曾被索赔的经理一周内发现了事业部材料单的 6 次错误，得到了相应的“增值”报酬。

这样的做法，就是从根本上解决问题的方法，是最值得重视的方法。

值得指出的是：这样的一种程序制定，不一定是管理者或高层领导的职责，即使刚入职场的人也可以做到。

曾在网上看到一则小故事：

有一个单位，经常招收实习生。

工作内容很简单：让实习生帮助翻译一下 Word 文档上的文章，用 Excel 录入数据，或用 PPT 制作动画。

实习生们一般都能根据要求照做。

后来，单位来了一个新的实习生，却有不一样的做法。

第一天，当她接受任务——翻译一份 Word 文件时，主动向安排自己工作的前辈询问：

“这是什么报告，翻译给谁看，需要整理出大意还是逐字逐句翻译？”

几天后，前辈又让她准备一份内部沟通邮件，并主动告诉她为什么要写这份邮件，发给谁看，有哪些内容，同时提出诸多要求。

然后，她将邮件发给前辈的时候，附上了一个文稿：

那是一个如何做沟通邮件的指南，并告知前辈以后有实习生再来工作，可以照此办理。

这样的做法，让带她的前辈无比欣赏：

在实习阶段就能这样工作的人，一定会前途无量啊。

为什么呢？

她不是机械地完成任务，而是明确工作的目标，根据目标去考虑各种要素，去更好地解决问题。

不仅如此，她还能举一反三，根据工作要求做出范本或指南，这样，新的实习生就可照此执行，减少了摸索的时间，也让单位和领导减少了指导员工的成本。

能这样去思考和解决问题的人，不管是普通职员、中层管理者，还是高级管理者，都是最值得认可、也最有价值的。

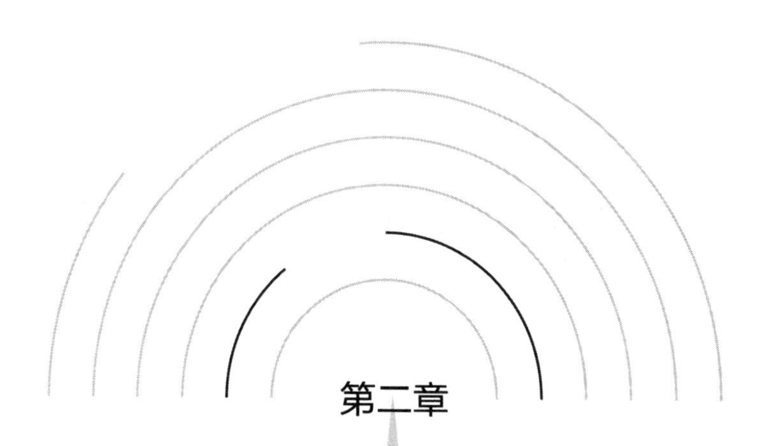

第二章

心理制胜：战胜对问题的恐惧

聚焦智慧原点：从“怕思考”到“爱思考”

要成为一个有方法的人，先要掌握思维学的第一原理：

善于思考来自乐于思考。

用脑意识比用脑能力更重要！

“思”本身的意识，而不是思维技巧，才是智慧的原点！

勇于、乐于思考是态度，善于思考是方法。

态度是方法的基础。要善于用脑，必须先乐于用脑！

谁都想让自己更聪明。

如何变得更聪明？当然是学习和掌握更好的思维方式了。

知道这一道理，估计一些朋友就会说：

好呀，那请多告诉我一些好的思维方式吧。

但在学习具体的思维方式之前，还有一件更重要的工作：

培养动脑的意识。

因为思维学的第一原理是：

善于思考来自乐于思考。

用脑意识比用脑能力更重要！

一、不怕不聪明，就怕不动脑

大多数人为何不聪明，关键不在于缺乏思维技巧，而是存在厌烦思考、畏惧思考、躲避思考的态度！

思考的确是一件苦差事。

然而，有些人之所以聪明，正是因为他们勇于形成这个“转换”——变躲避用脑为乐于用脑。

爱迪生在17岁那年，就以二重发报机的发明开始了科学发明生涯。品尝到思维价值的他，就在实验室的墙壁上写了一张条幅，上面是雷诺兹爵士的语录：

“人总是千方百计躲避真正艰苦的思考。”

下面是爱迪生自己的一句话：

“不下决心艰苦思考的人，便失去了生活中的最大乐趣。”

这种说法耐人寻味：一方面，完全承认思考是艰苦的，另一方面，思考恰恰是“最大乐趣”！也就是说：艰苦的感觉是可以超越的，转化为“乐”！

正因为有这样的意识，爱迪生一生之中的发明多达近 2000 件，平均 15 天就有一项发明，被称为“世界发明大王 ”。

在职场上，最终打败你的不是“不聪明”，而是“不动脑”。

假如你能勇敢面对问题，主动去解决问题，问题很可能迎刃而解，而你会越来越聪明。

我与很多学员分享过这样一段亲身经历：

一次春节放假前夕，我准备给每位员工的妈妈买份礼物，于是，走进了公司附近一家著名药店的分店。

买点什么好呢？东挑西挑后，我看中了一种补血剂。

没有想到服务员告诉我，这个产品只剩下两盒了，离我要求的数量还差很多。

“能不能到总部进点货？”我跟服务员商量。服务员告诉我：“那得等 3 天以后，因为第一天报上去，订单第二天才能够到仓库，第三天才能送货。”

可我的员工们下午就要回家探亲了。我问：

“能不能早一点呢？”

服务员们都摇头。

这时我就开始引导他们：

“你们药店是有多年历史的老店，很有信誉，现在顾客急着要货。你们能不能想想办法？”

从他们的表情来看，这话起作用了。于是我又鼓励他们：

“看来你们都是聪明人。只要开动脑筋想一想，一定能解决的。”

我和他们一起探讨了其他的可能性。这时，一位姓孟的女服务员说：

“我们可以试试给附近的其他分店打个电话，看他们有没有货。如果有的话，我们可以先向他们借，3 天后再还。”

大家都觉得这个主意不错。姓孟的服务员很快到里屋打电话去了。不久，她满脸笑容地出来了，说：

“先生，我刚才给附近一些分店打过电话了，他们的存货也都不多，但几家凑起来还是够的，请您先到我们楼上的办公室等一下，我马上坐的士过去帮您取。”

问题就这样迎刃而解了。我对他们表示感谢。这家药店的经理也向我表示感谢：

“谢谢你激发了我们员工主动想办法去解决问题。经过这件事后，我们明白了一个道理：不是没有办法，而是不去想办法。

“只要用心去想办法，不可能就变为了可能。”

这虽然是件小事，但也充分说明：

想办法是想到办法的前提。如果只躺着让脑袋放假，就算是天才，面对问题时也会一筹莫展。

百度前总裁张亚勤讲得好：

“有时候，不要把问题当成问题。当我明白我的工作就是要解决问题的时候，我就不再躲避，而是勇于挑战。只要想办法，就一定有办法。

“而且，更好方法的出现，很大程度上来自于想解决问题的决心。”

二、在独立思考中体验思维提升的快乐

现实中，人们往往有这样一个习惯：

遇到问题，或者遇到某件重要的、复杂的事需要处理，第一个念头，就是先去找人征求意见，但是，要成为一个优秀的思考者，需要更愿意自己思考。

不是请人帮助自己解决问题，而是先学会自己思考、自己去解决问题。

不是让人帮助自己拿主意，而是学会自己拿主意。

在北京冬奥会期间，有一个“传奇少女”谷爱凌。这个不满 19 岁的少女，凭借超强实力和超强心理素质，荣获世界冠军。

一些媒体在报道她为什么能取得这么大的成功时，提到了一个十分重要的特点——

“独立思考，拥有自我选择的能力。”

她的第一个自我选择，是选择学习当时在滑雪学校没有女孩学习的自由式滑雪。

第二个选择，是在同样擅长的滑雪和田径项目之间，选择了滑雪。

第三个选择，是为了参加奥运会前有充分的集训时间，开始在家自学高中课程，并提前一年毕业。

第四个选择，是为了考上梦想中的斯坦福大学，在那一年只训练了 65 天滑雪，全力备考。

第五个选择，她在自己 16 岁的时候选择加入中国国籍，为 2022 年在北京举行的冬季奥运会备战。

第六个选择，代表中国参加奥运会并取得奖牌，为此，她申请大

学休学一年，用一年时间专注备赛。

看到了吗？她的选择，从来都不是冲动而为，而是精心安排和调整自己所有的时间。

在这次自由式滑雪女子大跳台比分稍微落后的情况下，她做了一个几乎让所有人震惊的选择：

完成一组难度最大的、从未有女运动员在奥运赛场上完成的动作，能感觉到她的比赛状态，是在完成这组超难动作前，已在心里卡准了节奏，将每一个动作分解到自己认为最恰到好处的地方，才开始从容一跳，飞向空中，迎向前所未有的挑战和压力。

谷爱凌最终拿下了北京冬奥会自由式滑雪女子大跳台的冠军！

在接受记者采访时，谷爱凌分享了自己的心得：

“不要给自己设限，不要害怕未知和新的东西，去尝试，去动脑，你会有新的感受和更多的惊喜。”

所有的自我选择，都建立在自我决策的基础上，而自我决策的基础，就是独立思考。

这样的女孩，注定有选择的能力并为自己的选择负责，注定会是写入历史的传奇。

谷爱凌的成功，源于她妈妈经常鼓励她自己做选择，也源于她愿意自己做选择。

而做选择的关键，就是自己动脑筋，而不是让别人动脑筋。

很多人畏惧思考，或根本不愿意思考，只是因为他没有真正尝试去进行独立思考。

假如真的这么去做，可能很快就领受到强迫自己用脑的快乐。

爱因斯坦 12 岁时，一个叫雅各布的叔叔在他面前画了一个直角三角形，标上 A、B、C，然后写上了公式，即著名的毕达哥拉斯定律。

叔叔开玩笑地问他能不能证明出来，他便开始利用有限的知识，对此进行证明。

一连 3 个星期，他都对这一问题冥思苦想。叔叔看不下去，想教他，但他不听，一定要自己证明出来。终于，最后他以三角形的相似性成功地将这一问题证明了。

2000 多年一位大哲学家、数学家求出的定律，竟然被一个 12 岁的学生证明了！

爱因斯坦第一次体会到强迫自己用脑而发现真理的快乐。

从那以后，他形成了独立思考的习惯，很快，他又自学了高等数学，等同学们还在全等三角形的浅水里扑腾时，他已经在微积分的大海里遨游了。

爱因斯坦在 67 岁时，还在为他 12 岁时对几何问题的启蒙之乐津津乐道。他说：

“如果没有那时学会独立解题并体验因此引起的极大快乐，我后来就难以培养好的思维习惯。”

“思”的核心是什么？是独立。所以，“独立思考”显得如此珍贵。

当我们能像爱因斯坦和谷爱凌一样，学会自己思考，自己拿主意，那么，就会越来越体会到思维带来的快乐与价值。

三、让自己变得聪明的一条捷径，是学习优秀人士的思维方式

我们都希望自己变得优秀，变得聪明。

怎么做？学习那些优秀人士、杰出人士的思维方式，就是一条

捷径。

在首次出版的《方法总比问题多》一书中，我写过华人首富李嘉诚想方法解决问题的一个故事：

李嘉诚年轻时，曾应聘到一家公司当推销员。有一次，他去推销一种塑料洒水器，连去了好几家都无人问津。

一上午过去了，他一点收获都没有，如果下午还是毫无进展，回去将无法向老板交代。

尽管推销得不顺利，他还是不停地给自己打气，精神抖擞地走进了另一栋办公楼。

他看到楼道上的灰尘很多，突然灵机一动。

他没有直接去推销产品，而是去洗手间，往洒水器里装了一些水，趁着有人经过的时候，将水洒在楼道里。

十分神奇，经他这样一洒，原来很脏的楼道，一下变得干净起来。

这立即引起了主管办公楼的有关人士的兴趣，一下午，他就卖掉了十多台洒水器。

李嘉诚这次推销为什么成功了呢？

原因在于他把握了一个影响力法则——

讲述不如直接演示。

老讲自己的产品如何好，不如让大家看到实际效果有多好。

我不仅将这个故事写入了《方法总比问题多》中，也在不同的场合分享，而一些人也因此而提升思维方式，深深受益。

读者小齐就是其中一个。

他告诉我，这本书给了他很大的启发，让他解决了一件很头疼的事。

原来，小齐在一家工厂的装配车间当组长，管着十几个工人。

他发现，这些工人对一些剩余的小零件不太珍惜，常常随手丢弃。

他一直想解决这个问题。尽管他多次提醒大家，但仍不见效。

在看了我的书之后，他想出了一个解决问题的办法。

一天，小齐拿着装满硬币和零钱的钱包，走到装配车间，故意将零钱扔在地上，然后一言不发地回到自己的工作岗位。

同事们看了都觉得莫名其妙，一边捡散落在地上的零钱，一边议论纷纷。

这时小齐走过来，对大家说：

“当你们看到我把钱撒在地上时，都觉得太浪费，所以捡起来。但平时你们却习惯把螺帽、螺栓以及其他一些零件随手丢弃，从不爱惜。

“你们有没有想过，那些小零件就如同这些钱。今天丢一点、明天丢一点，时间长了可是一笔很大的损失。”

大家一听，马上形成“丢零件就是丢钱”的印象，都觉得很有道理，从那以后，随手丢弃小零件的现象减少了很多。

而且，小齐还告诉我，这件事被领导知道了，并表扬了他，说他拥有创造性开展工作的能力。

后来，领导还把他提拔为副主任。

小齐的成功，是学到了李嘉诚的方法。当然他还做了一点改变：

李嘉诚是通过演示让客户感受到产品的好处。

小齐是通过演示，让大家明白道理。

这是一个直接仿效优秀人士思考、做事的故事，其取得的效果是立竿见影的。

学习优秀人士的思维技巧，可以使自己的思维方式得以大幅提高。所以，大家不妨像小齐这样去学习和思考，还可以进一步探讨：

牛顿怎样发现万有引力？

爱因斯坦怎样发现相对论？

爱迪生为何成为“世界发明之王”？

拿破仑为何能够成为“战争之神”？

唐太宗为何能开创“大唐盛世”、成为治国明君？

通过探讨和学习优秀人士的思路和思维方式，融会贯通，并进一步在自己的管理、工作、学习中去体会，这样，自己的思维能力也会得到很好的提高。

从“尽力而为”到“全力以赴”

之所以说事情艰难，往往是因为我们并没有尽到最大力量。

先别说难，先问自己是否竭尽全力，是解除不敢、不愿思考的魔咒。

把“不可能”放到一边，想想自己是否竭尽全力，再难的问题也很可能解决。

不要“尽力而为”，而要“竭尽全力”。

学会想尽一切办法、穷尽一切可能去努力吧。

世界上没有“天大的问题”，只有不够努力造成的失败和遗憾。

一、先别说难，先问自己是否竭尽全力

将事情做成的首要前提，是解除抑制思考的“魔咒”。

许多人其实可以做很多事，甚至可以创造奇迹。但他们没能做到。

原因很简单，只有三个字，如一道“魔咒”，把他们的思维抑制住了。

这三个字就是：

“太难了！”

要成为解决问题的高手，就得首先解除这道“魔咒”。

怎么办？先别说难，而要先问问自己是否竭尽全力。

不少媒体报道了这样一则新闻：

有一个叫作曾花的女青年，听说西门子 UPS 北京代表处招销售

员，于是前去应聘。负责接收简历的人问其“UPS”是什么意思，见曾花支支吾吾答不上来，就摇摇头说：“看来你没有做好准备呀！”

这时，她就向对方介绍自己以前的销售业绩，并恳切地提出：

“你们用我吧，哪怕不给我工资，先试用一个月，如果不行，开除我都可以。”

于是，本来没有机会参加面试的她，获得了面试机会。

面试顺利通过。主考官很满意，并让曾花提一个问题。曾花便问：“我们公司最牛销售员的年销售额是多少？”主考官用异样的目光看着她：

“1000 万元！”

曾花在自己本子上写了一行字：我要超过 1000 万元。

也许有人认为这是一句随便的话，但她对这个目标却很认真。之后曾花不断学习、不断钻研，终于实现了自己的目标，创下年销售 1980 万元的纪录。

曾花由此赢得了“金牌销售”的称号，也因此被提拔为市场部经理。

后来，曾花报名参加 CCTV《赢在中国》选拔赛。著名的企业家俞敏洪、史玉柱都对她大加赞赏。她不负众望，一举夺得亚军。

这个故事最有意思的一点是：当她实现目标以后才知道，公司从来没有人的年销售额达到过 1000 万元。当时那位考官不过是随口一说，或者只是为了激励她。

没有想到：不知天高地厚的她，竟然真相信这是一个可以达到的目标，为此不懈努力，并终于达到了目标。她不仅突破了自己原来的极限，也为公司打破了极限。

她成功的诀窍，最核心的一点，就是她从来不是以“难”字当头，而总是全力以赴去做事。

遇到问题，先说“太难了”，与“先别说难，而要问自己是否竭尽全力”，在效果上真有天壤之别。

为什么？这其实有着很深的心理学依据：

我们的行为是受大脑支配的。当你说“太难了”，畏难情绪就来了。畏难情绪一来，大脑就进入被压抑的状态，怎么可能会想去解决问题？

而优秀的人，总能在第一时间让这个“难”字远离脑海。这样，等于搬走了压抑心灵和脑力的一块大石头，让其充分活跃，去挑战问题。

只要把思考的重点放到“我是否竭尽全力”上，你就会不断挖掘自己的潜能，许多以前想不到的方法就会想出来。

二、“尽力而为”不够，“全力以赴”才行

在工作中，经常听到有人说：

“我尽力而为。”

而当问题没解决的时候，他总会为自己辩解：

“我已经尽力了。”

其实，要想真正把一件事情做好，光尽力而为远远不够，而必须全力以赴。

这样才能逼自己想尽办法，将智慧充分发挥出来。

我在中国青年报社当记者时，有一个非常优秀的同事，叫刘先琴。

有一次，她奉命去新疆完成一个重要的紧急采访任务，谁知火车还没到达目的地，就出了故障。

眼看着时间一点点过去，而火车却不知道什么时候才能修好，她非常着急，再这样下去，采访任务就无法完成。

这时候，她无意中发现附近有飞机起落，这让她非常兴奋，马上向人打听，知道不远的地方有个军用机场。

于是她立即下了火车，用最快的速度向机场走去。到机场后，她找到机场的负责人，出示了自己的证件，并再三说明这次采访的重要性，最后希望他们能够将自己送到新疆。

让军用飞机送自己去新疆？

这在一般人看来简直是天方夜谭，但凭着自己的执着和坚持，机场的负责人最后居然答应了她的要求。最终，她出色地完成了任务。

回北京后，报社开会表扬了她。当别人问她：

“太不可思议了，你怎么能做到这点的呢？”

她呵呵一笑说：

“全力以赴，要成功就必须有非成功不可的决心。”

逼迫自己不放弃，逼迫自己不断想方法，才会产生奇迹。

当问题出现的时候，往往感到问题就像山一样大，但是当你蔑视困难，并下决心征服它时，最后就能把它踩到脚下！这样，你就能进入一个人生的新境界——

山到绝顶我为峰！

三、把自己从“我已尽力”的假象中解放出来

一些人之所以无法“竭尽全力”，往往来自于“我已尽力”的假象——

我已经做到最好了，再也无法往前走一步了。

其实，这不过是不愿意接受挑战的借口。

当你把自己逼到“非……不可”的程度，你就不会有任何借口。

稻盛和夫被日本经济界誉为“经营之圣”。他所创办的京都陶瓷公司，是日本最著名的公司之一。

公司刚创办不久，就接到著名的松下电子的显像管零件 U 型结

缘体的订单。这笔订单对于京都陶瓷公司的意义非同一般。

但是，与松下电子做生意绝非易事，商界对松下电子公司甚至有这样的评价：

“松下电子会把你尾巴上的毛拔光。”

对待京都陶瓷这样的新创办公司，松下电子虽然看中其产品质量好，给了他们供货的机会，但在价钱上却一点都不含糊，且年年都要求降价。

对此，京都陶瓷的一些人很灰心，因为他们认为：我们已经尽力了，再也没有潜力可挖。再这样做下去的话，根本无利可图，不如干脆放弃算了。

但是，稻盛和夫认为：松下出的难题，确实很难解决，但是，屈服于难，也许是给自己未足够挖掘潜力找借口。

于是，经过再三摸索，公司创立了一种名叫“变形虫经营”的管理方式。

其具体做法是将公司分为一个个“变形虫”小组，作为最基层的独立核算单位，将降低成本的责任落实到每个人。

即使是一个负责打包的老太太，都知道用于打包的绳子原价是多少，明白浪费一根绳会造成多大的损失。

这样一来，公司的营运成本大大降低，即便是在满足松下电子的苛刻条件之后，利润也甚为可观。

一个人追求成功的强度，决定了所能达到效果的程度。

记住一句话：

潜能不是拿出来的，而是逼出来的。

从“我已尽力”的假象中把自己解放出来吧！再逼迫自己一下，你会发现自己还有许多没有开发出的潜能！

主动促使事情发生，不要被动等待命运安排

有一年，“创新思维学家”爱德华·德·波诺来到北京，与我有一次深入的交流。在谈到现代人如何把握机会时，他讲了这么一句话：

“机会，只有主动进取的人才最容易找到。他们不会被动等待事情发生，而总是主动探寻。”

我格外认可这个理念，而且在培训中经常倡导这个理念，在生活中也常常实践这个理念。

一、要成为一个有作为的人，你得有一双推动事情发生的手

我的不少学员和亲友都因此理念深深收益。我的儿子就是其中一个。

我的儿子名叫吴牧天，从美国重点大学毕业，已参加工作。

我从小就培养他热爱思考和自我管理的能力，让他从一个“调皮王”转变为一个对自我负责又能有效处理问题的人。

后来，他根据自己的经历，出版了一本名叫《管好自己就能飞》的书，发行100多万册，中央电视台新闻频道曾予以报道。

回想过去，他最难忘的事之一，是这么一次经历：

在牧天17岁生日那天，我带他到一家饭店吃饭。除了与他交流，

让他开始写自我管理日记外，我还做了一件对牧天有影响的事情。

平时吃饭，我们会直接在大堂坐散座，但今天是儿子的生日，我想稍微隆重一点，就想找个卡座。

然而，当我们正想在一个卡座上坐下来时，服务员走了过来，并阻止我们坐下。

她表示我们只有两个人，而卡座能坐六人，就坚持让我们坐小桌子。

牧天与她好好交流，但她的态度很坚决。这时牧天看看我，说：

“爸爸，要不坐散座也可以。无所谓的。”

我微微一笑，没有再与服务员交流，而是直接走到值班经理面前，对她说：

“经理您好！我要特别谢谢你们！你们饭店的菜做得非常好，我们常常来这里吃饭。”

经理一愣，然后满脸堆笑，对我表示感谢。

我接着说：

“正因为你们的菜做得好，今天是我儿子生日，所以我特别安排到你们这里来庆贺生日。”

经理再次感谢我们对其饭店的夸奖，欢迎我们以后常来。

这时候，我就颇有分寸地提出要求了：

“不过，今天我有点小小的事要麻烦您。”

她忙问是什么事情。

我便说：

“我知道一个卡座坐两个人是有点浪费，但是我的确想在您这里，给孩子留下一个美好的记忆。请问您能不能照顾一下，帮我们安排一个卡座，好吗？”

听我这样一说，经理满口回答说没问题，不仅给我们安排了卡座，还特别送了一个果盘，祝贺牧天的生日。

尽管这只是一件小事，但这瞬间的变化效果，让缺乏社会经历的牧天看得目瞪口呆，对我佩服得五体投地。

他激动地说：

“爸爸，你太牛了！你这样会说话，让别人都不好意思拒绝你。”

我趁机引导牧天思考：

“那你认为这件事情，对你有什么启示呢？”

“我认为，在现代社会，口才好太重要了。缺乏口才肯定寸步难行，口才好到哪里都吃得开。”

我点点头，接着说：

“会讲话固然重要，但更重要的还是要有积极的人生态度。你要知道，要成为一个优秀的人，就应该养成一个习惯：要主动促使事情发生，而不是被动等待机会降临。”

当天晚上，牧天便在日记中写道：

“主动的人总是去找机会，而不是等机会来找自己。不要在没有尝试之前就打击自己，说‘我不行’，如果你主动一些，那些你认为‘我不行’的事情，或许就会变得很可行。”

这件事给了他极大的触动，之后，他不断去实践，并产生了很好的效果。

如他考上美国重点大学的经历，就是其中一例。

不少交流生，为了有更大的可能被录取，往往会高额出资请中介帮助联系。因为他们更有经验和渠道。

但是牧天却认为：这样既费钱，又没有办法直接联系校方，于是决定自己成为那个“推动事情发生的人”。

他和一位交流生一起报考被誉为“美国航天航空之母”的普渡大学。

同学想到找中介，吴牧天却找到了普渡大学招生办的电话，并且直接向招生办主任很自信地介绍了自己的情况。

美国的大学重视的不只是成绩，还有学生的综合素质。牧天的“自我营销”很快打动了招生办主任。

该大学开始审核学生的申请材料是在 3 月 20 日，结果在 3 月 27 日，牧天就被录取了！

更有意思的是，牧天在被录取后，发现那位和他一同报考的交流生还没有被录取，还在等待名单中。

牧天知道这位同学也很优秀，马上决定帮助她。

他再次打电话给先前那位招生办主任介绍了这位同学，希望主任多考虑一下。

招生办主任听他这么一说，就让他转告这位同学，请她直接将个人材料写一封邮件发过去。最终，学校也决定录取她了。

经历了这样的事后，他感慨地说：

“主动促使事情发生与被动等待机会降临，真有天壤之别。要成为一个有所作为的人，你得有一双推动事情发生的手。”

这世界的确有这么一个规律：

那些决心为自己找出道路的人，总是能够找到机会；

即便他们找不到机会，也会创造出机会。

这只因为，他们总是会让自己有一双推动事情发生的手。

二、从听从者变为主导者，推动力就是领导力

交流一个很普遍的问题：

假如你刚刚大学毕业，去应聘，你希望是由你定薪酬，还是由老板给定？

再问一个问题：如果老板为你定下了薪酬，你能表示否定，提出你的加薪要求吗？

估计大部分人都会回答：

那还用问？当然是老板说了算。

但是，有一个大学毕业生却否定了老板的定薪标准。当老板给他最高薪酬时，他还要求提高，而老板竟然答应了他的要求。

他叫苏世民，是享誉世界的“华尔街投资之神”，著名的黑石投资集团的创始人。他在自传《苏世民：我的经验与教训》中讲述了这样一段经历。

苏世民于美国耶鲁大学毕业后，去有名的帝杰证券总部应聘。

面试他的是帝杰证券联合创始人比尔·唐纳德森。在交谈中，比尔·唐纳德森对苏世民印象很好，正式决定录取苏世民。

为了显示对苏世民的重视，他给了苏世民一份当时看来很高的待遇：起薪是每年 10000 美元。

他认为苏世民会很开心，甚至受宠若惊，没有料到，苏世民的回答是：

“太棒了！但是我有一个问题。”

“什么问题？”

“我需要 10500 美元。”

“不好意思，”比尔·唐纳德森问道：“你什么意思？”

“我需要 10500 美元，因为我听说另一个从耶鲁大学毕业的人起薪是 10000 美元，我想成为我们班里收入最高的人。”

这样的讨价还价，当然会让老板不高兴。但两天后，他还是给苏世民打电话："好的，就这样定了，10500 美元。"

于是，苏世民就这样得到了自己毕业后的第一份工作，而且是以向老板要求更高待遇的方式，进入一家著名的大公司。

这样的情况，对我们许多人来讲是无法想象的。为什么他就能做到呢？

分析起来，原因可能有如下几条：

第一，他拥有出色的能力。这是被认可的基础。

第二，老板可以接受的理由：年轻人想成为班上薪酬第一名的"好胜心"，想想也是可以让人理解的。

第三，他所体现出的自信，具有征服人的力量。

苏世民的自信，在后来他与老板的交流中得到认证。

苏世民曾问老板为什么自己提出这样"过分"的要求，老板还录取他并答应他的条件？老板说：

"那一瞬间，我感觉到你会坐上我这样的位子。"

苏世民给我们树立了一个榜样：

哪怕你处于弱势地位，也可成为"拍板人"。

实际上，这样的做法绝非个案，而是他整个人生观的体现。

从青涩的少年，到成为举世闻名的大投资家，他一直都创造着周围人往往想都不敢想的奇迹：

在中学时，他就联系了全国著名的乐队小安东尼和帝国乐队到他们学校演出。

大学时，他就联系了全世界很有名的芭蕾舞团——纽约芭蕾舞团，到学校演出，这是该学校史无前例的事件，轰动一时。

在创立投资公司时，他的搭档建议先试试水，比如说只筹集5000 万美元，但苏世民则直接要筹集 10 亿美元！

大家都觉得苏世民疯了。但苏世民却有自己的独特见解：

“为什么不搞大的？做大事和做小事的难易程度是一样的。而且好处多多：首先，难度大的事，竞争小；一旦大事做成了，后续会带来更多的机会。

“所以我们要选择一个值得追求的宏伟目标，让回报与你的努力相匹配。只要找方法去做，就能做到。”

他遇到的阻力的确很大。在募资过程中吃了不少闭门羹，“被我们视为最可能点头的 19 家客户，一个个拒绝了我们。总共有 488 个潜在投资人拒绝了我们。”

但最终他们竟然筹集到 10 亿美元，打破了私募基金记录。

那么，是什么让苏世民能创造这样的奇迹呢？最核心的一点，就是任何时候都要做一个积极的推动者。

推动力就是领导力。即使你处于弱势地位，只要你有能推动事情发生的能力，你就是一个领导者。

在苏世民的自传中，他还分享了如下精彩的观点：

“在我作为学生会主席的最后一次演讲中，我提出了一个关于教育的理念，这也是我一生始终信奉的一个理念：

“我相信教育是一门学科。这门学科的目标是学习如何思考。”

积极而有效的思考，的确能创造奇迹。

三、别让“规定”限制了目标，想办法让人改变决定

很多时候，我们之所以觉得“绝不可能”，是因为“有规定”。

一旦有人搬出“有规定”的理由，绝大多数人都会认为“这是没有办法的事”，当即放弃。

但是，假如能让“无条件积极”成为习惯，不管遇到任何事情

都会积极面对处理，“不可能”也能变为“可能”。

俞敏洪是新东方的创始人。在研究他的成功之道时，我们都能看到一种积极心态一直支撑着他，他甚至让“无条件积极”成了一种习惯。

因此，他不仅创造了事业的奇迹，在生活中也能实现“不可能实现的事情”。

有一次，他和家人在加拿大的温哥华，准备乘当天的国航班机回北京。

没想到，起飞前两个小时，航班突然取消。

这意味着他们只能第二天再走，但第二天他在北京安排了两个会议和一场学生讲座。晚归意味着上千名学生因他而空等一天。

所以，他决定无论如何都要想办法赶回去。

他查询了加拿大的几个航空公司，都没有订到回北京的机票。

他又查询了从加拿大飞往上海和香港的飞机，也都是满员，希望似乎彻底破灭了。一个送他出行的朋友说：

“没办法了，明天再走吧。”

俞敏洪只好沮丧地坐上汽车准备离开机场。车行半道，他想起以前看到过的一篇报道：

中国东方航空公司将于近期开通从上海到温哥华的航班。

但他不知道具体的开通日子。不管怎样，这是最后一线希望。

于是，他又回到机场。查询后发现那天恰好是飞机首航的日子，而且离起飞还有两个多小时。他便跑到国航的值机柜台，要求改签东方航空的航班。

工作人员一脸为难，因为这不符合规定。两个航空公司之间没有联营关系。

他与工作人员好好沟通，反复陈述必须回去的理由，也从多方面让对方觉得帮助自己，是一件有价值也可以做成的事。

工作人员终于被他打动，通过协调，把他们全家的机票签到东方航空的航班，他顺利踏上了返京的飞机。

试想，如果俞敏洪因为前两次的查询失败而放弃，或者，当别人说出“有规定，没法改”，他就放弃。那么，他只能困在加拿大。

但是，因为有着“一定要回去”的坚决态度、“一定能回去”的自信，他就想尽办法去努力，终于达成了目标。

是的，“有规定”的确在很多时候是拦路虎，但是，这只拦路虎，也总能被“方法总比问题多”的人战胜！

别害怕被拒绝　不试哪知行不行

哪怕只有百分之一的希望，也值得你去试一试。

许多潜能被压抑，许多应有的业绩没做好，都是由于没有尝试之前就先行否定！

不要提前打击自己，勇敢地去尝试吧。

不试哪知行不行！

别害怕被拒绝，也许别人期待着你的出现！

在当今社会，不仅是“适者生存”，更是“试者生存”。

只有勇敢去尝试的人，才会打开成功的大门！

一、别害怕被拒绝，也许别人正期待着你的出现

当下，应聘找工作，是几乎所有职场人士都必须面对和重视的事情。

不少时候，面试官会对应聘者说一句话：

“如果我们需要你，会给你打电话或以其他方式通知你。”

假如你在应聘中也遇到了这种情况，面试官让你回去等消息。但消息不来，你会不会就认为自己没有被录取，更不会主动去联系了？

我们机构曾开展过“如何在应聘中脱颖而出”和“中国白领成功大课堂”等训练，我多次分享过这样一个故事：

多年以前，在美国有一个年轻人，刚刚毕业就遇到了空前的经济萧条。

他天天为找不到工作机会而苦恼。

一天，他在报纸上看到，来自各地的失业大军，汇集在一起向首都华盛顿进军，要求政府给自己一个工作机会。

于是，他也决定加入这个大军。

就在乘火车赶往失业大军所在地的途中，他透过车窗看到路边有一个地方正在热火朝天地施工，看样子可能是在盖工厂。

他心念一动：既然是盖工厂，应该很需要新员工吧？

于是，抱着试一试的想法，他中途下了车，往施工工地走去。

到那里一问，才知道那儿正在新建一个钢铁厂。

于是小伙子找到主管，询问他们是否需要人。

主管问了问他的情况，他学的知识在这里应该用得上，但工厂要过一段时间才能开工，于是主管让他留下电话，回去等消息：

“如果我们需要你，到时我会打电话通知你来上班。”

于是小伙子留下电话回去了，满怀期望地在家等待通知。可是左等右等，电话却一直没有来。

故事讲到这里时，我向学员们提出了一个问题：

“为什么那位主管明明说了‘如果我们需要你，到时我会打电话通知你’，却偏偏一直没来电话呢？”

参加研讨班的人，根据自己找工作的经验，各抒己见：

“需要你才打电话，没打电话自然就是不需要你了。”

“那仅仅是客套话，其实并不是真的想聘用他。”

“找到了更好的人。”

“工厂没有开工。”

其中最有意思的一个回答，是这么说的：

“也许这个主管也被炒掉了！经济危机嘛，谁说他就能够摆脱？”

他的话引起了哄堂大笑。

接着，我继续讲述：

其实，像各位刚才所说的种种原因，那位年轻人可能也都想过了。

他开始也和大家想的一样，认为自己肯定是没有机会了。但他想：也许还有别的可能。不管怎样，他还是决定再去一次工厂。

一到那个地方，他发现工厂已经开工了，到处机器欢鸣，很多人都已经在上班了。

他找到了当初与他交谈的那位主管，那个人已经是工厂的厂长了。厂长一见到他，立即给他来了一个美国式的热情拥抱，然后说：

“小伙子，你知道吗，上次一见到你，我就觉得你是个人才，所以一开工我就准备通知你上班。可是我怎么也找不到你的电话号码了，因为我不小心将它弄丢了！”

年轻人就这样进入了钢铁行业。后来，他不断升职，成了 US 钢铁公司的董事长。公司在他的管理下，业务有很大发展。

这位年轻人，就是美国著名的钢铁大王费尔莱斯。

看得出来，费尔莱斯的故事让大家很震撼。

事情的结局不是他没有被录取，也不是其他原因，竟然是主管把他的电话弄丢了！

这实在出乎所有人的意料。

而更让大家触动的是：

费尔莱斯的成功，说明了面对挫折和拒绝，拥有积极心态，勇敢去“再试一次”的意义。

在大家热烈讨论的同时，我总结了这样一些观点：

“只有你对机会当真，机会才会对你当真。”

"别害怕被拒绝，也许别人正期待着你的出现！"

这些观点，对学员们都有不小的触动。

其中有一位 IT 行业的部门经理，因为感受格外深，下决心改变自己，创造了以往不敢想象的奇迹。

他们公司专门针对政府部门研发了一种很好的软件。他认识不少政府部门的人，但却一直不敢开口推销这种软件，因为害怕一开口就被拒绝，弄得以后朋友都没法做。

他说，费尔莱斯的故事对他触动很大，他决定回去后立即试一下。

后来的结果大家可能已经猜到了，他回去向朋友一推销，对方立即表示了浓厚的兴趣，提出马上要试试，试过之后当即决定购买，还说了这么一句话：

"哎呀，你怎么不早点告诉我呢。我们一直在找这种软件，但就是没找到。本来认为你们是一家小公司，开发不出这样的软件，没想到竟然在你这里找到了！"

发生这件事后，这位部门经理当晚就打电话给我，十分激动地说：

"您说得太对了，任何好的想法，如果没试，就没资格否定！"

这又是一个"别害怕被拒绝，也许别人正期待着你的出现"的鲜活故事。

这样的故事，是否使你心动？

当你害怕被拒绝的时候，是不是也有勇气去试一次？

二、不提前打击自己，没试之前绝不否定

不自信，害怕被拒绝，这是很多人的特性。

但是，不管自己行不行，不管自己在别人眼中是什么样，这些都不重要，关键是你得去试——

永远不要提前打击自己，在没试之前绝对不要否定！

1852 年，俄国著名作家、《现代人》杂志主编涅克拉索夫，收到了一部名为《童年》的手稿。

但是，不知何故，作者在手稿末页和信中，只署上自己的姓名缩写“π · H ”。

涅克拉索夫在看完手稿后，觉得写得十分出色，于是决定发表。由于不知作者的全名，所以作品发表时，只能按姓名缩写署名。

这是文学巨人托尔斯泰的第一部作品。尽管作品写得很好，但由于缺乏信心，他却不敢署真名。

幸好，涅克拉索夫是一个真正的“伯乐”。在发表这一作品的同时，他还向屠格涅夫等著名作家推荐，说：“留神一下《童年》这部中篇小说吧！看来，作者是一个新的、大有希望的天才。”

很多著名作家看后，都对这部作品交口称赞。

当时，年轻的托尔斯泰正在高加索山地服役。一天，他偶然读到了第一篇对他的作品的评论文章，作者是位著名的评论家。

托尔斯泰读着那些赞美的言辞，狂喜和眼泪几乎使他窒息。处女作的巨大成功，使这位本来胆怯的年轻人对未来充满了希望。

从此，世界文坛上多了一颗夺目的明星。

一位天才在写出杰出作品时，居然不敢署名！这个故事，或许对我们有很大的鼓舞：

原来，天才也曾不自信！

但是，不自信并不可怕。尽管不自信，但托尔斯泰还是勇敢地将稿件投给了权威刊物。

虽然他不敢署名，但他还是投稿了！

这个故事给我们最大的启示在于：

哪怕自己不自信，但决不允许自己不行动、无所作为。

管它成功不成功，我们都要先试一试再说。

许多人的潜能都是被压抑的。

许多生命中应有的光芒，都是因为被我们自行掩盖，最终使其消失！

许多很好的构想，都是由于我们自行打击和否定，而胎死腹中！

人的成功总是离不开机会，而机会往往来自于胆量。我曾经总结过这样一个公式：

成功＝胆量＋力量＋肚量

胆量从何而来，最基本的一点，勇敢尝试！

你不能对从来没有做过的事情说“不能”！

三、哪怕只有百分之一的希望，也值得去试一试

微波通信电话公司是美国一家很有名的公司，因鼓励员工尝试和创新而著名，他们的文化理念是：

“在微波通信电话公司被‘枪毙’的员工，不是那些做错事的员工，而是那些不敢冒险的员工。”

洛克菲勒说：“哪怕只有百分之一的希望，也值得去试一试。”

此语成了流行全美、体现美国人开拓精神与创业精神的名言。

在前文“先别说难，先问自己是否竭尽全力”中，我们分享了曾获得《赢在中国》亚军的曾花创造奇迹的故事。

现在，我们再来分享媒体报道过的、发生在她身上的一个具体案例：

当时她所从业的公司，在湖南、湖北两省的业务还是空白。

领导了解到她是湖南人，就安排她主管这两省的业务。

她去的第一站是湖北襄樊。本来她最初的目的只是去认识人，混个脸熟，没有想到，一到那里，她才知道襄樊邮电局第二天刚好要招标。

一位负责的主任看见她，也想给她个机会，说明天你也可以参加招标。

曾花当即傻了。当时已经过了下午 6 点。单位派人已经来不及了，而她自己“什么都不懂，产品多少钱一台都不知道，技术参数也不懂”。

这不就是只有万分之一的机会吗？

如果是一般人，遇到这种情况，都会觉得自己绝对不可能得到这笔业务，马上就打退堂鼓了，或者随便走个过场算了。

但是，曾花认为：

哪怕是只有万分之一的机会，自己就绝对不能放过。

她只问自己这样一个问题：

“如果我要拿到这笔业务，该做哪些必要的努力呢？”

她马上打了两个电话，一个打给上级，了解产品报价、到货时间、付款方式、保修期等基本情况；另一个电话打给公司的技术总工，了解技术参数。

虽然对那些技术参数她几乎没有听懂，但是她没有放弃，而是问总工：

“如果我要在最短的时间内掌握这些资料，最好的方式是什么？”

总工的回答是：没有更好的窍门，最稳妥的方法，就是把那本产品资料背下来。

这看来也是一个极大的难题。但这并没有难倒曾花。那一天晚上曾花死背资料，背到凌晨3点。

早晨6点，她醒后又开始背资料。

虽然资料背得差不多了，但她想到：这毕竟是自己第一次代表公司去招标啊！临场发挥不知道怎么样。可8点就要开会了，该怎么办呢？

就在这时，她发现有两个服务员在门外做清洁。

她灵机一动，请这两位服务员当听众，并答应等会帮她们干活。

演讲开始，两个服务员摇头说，“你太紧张了”。接着重来一遍，她们又指出了她的新问题。

这样一遍一遍过去，她越来越熟悉和自信了。终于在招标会上，她以最佳的状态赢得了初步的肯定。

之后，她又和有关客户保持热烈而越来越专业的沟通。

奇迹发生了。

她所在的公司击败了所有的竞争对手，客户决定所有的设备全部从他们公司买进。

这真是不可思议：一是公司开始没想到要参与招标，却成了招标的最大赢家，二是曾花初出茅庐，竟然一炮打响。

怎么能创造出这种不可思议的结果呢？

襄樊客户的评价很说明问题：是她的专业、自信和不达目标誓不休的坚定执着，为她的公司赢得了这笔生意。

客户通过这些，看到了她的潜力，也感受到了他们公司的真正竞争力。

其实曾花没有想到公司最终会中标，她只是全力以赴去做。

但是，正因为她全力以赴去做，当初这只有万分之一的机会，却让她最终梦想成真！

很多时候，事情到底行不行，可能性到底有多大，有多大的机会与风险，自己的潜能到底有多大，不去尝试是不知道的。

其实，我们每个人都被机会包围着，但是机会只在它们被看见时才存在，而且机会只有在寻找时才会被看见。

只有不害怕被拒绝、勇敢地去尝试的人，才能将机会真正抓住！

于是，我觉得我们又可以对一个观念进行更新了：

“进化论”提出者达尔文的核心理念是“适者生存”，讲的是动物世界的生存法则。

那么，人类社会的生存法则是什么呢？

尤其在新经济、高科技时代的生存法则，应该是什么呢？

那就是——试者生存！

解除大脑的“封印”，改“我不行”为“我能行”

人生大多数失败，都源于自己打击自己。

我们之所以不成功，往往不是由于别人否定了我们，而是自己否定了自己；

要成功，就必须在自己的字典里删除“我不行”这句话！

断言“我不行”，潜藏着最大傲慢。

去除“习得性无力”，你就会发现生命可以海阔天空！

工作和生活中最大的遗憾之一，是由于自信心过低，导致与机会失之交臂。

回想一下过去的你，可否有过自己打败自己的经历？

记得在一次培训班上，我刚刚分享了上文费尔莱斯的故事，激起学员们的热烈讨论。

我发现一位女学员竟然伏在桌上。我以为她是身体不舒服，赶紧问她是怎么回事。

谁知，这时的她竟然眼角挂泪，说是刚才的故事触动了她的一段伤心经历：

10 年前，她在读大学时，爱上了同班一位非常出色的男生，甚至爱到了崇拜的程度。人一产生崇拜，自信心就缺乏了，所以久久不敢表白。

因为她很怕一表白，就受到最爱的人的拒绝，不仅会带来一辈子的创伤，而且恐怕以后朋友都没得做。

于是，毕业时，她深藏了自己的感情，与自己心爱的人天各一方。

之后，她出嫁了，当了妈妈。日子过得虽然不算太差，但没有了任何激情与向往。

前不久，她出差时偶然与自己当年所爱的人相遇。两人都很开心，于是一起到咖啡馆里坐了坐。

在交谈过程中，她得知对方结婚了，孩子已经3岁了。

在谈得很融洽时，对方突然非常感慨地向她说了这样一段话：

“你知道吗，在大学时我一直喜欢你。”

她大吃一惊，而更让她难以置信的是，对方在解释为何没向她表白时，给出了同样的一个解释：

“我太崇拜你了！很怕一提出来，我们连朋友都没法做了。”

原来，对方的心理和自己一样，都是害怕率先提出来！

当大家同时讲出自己的心结时，两人都忍不住流泪！

这位学员谈到这一故事，深有感叹地说：

“假如我在10年前听到这个观点，我的命运就完全可以改写了。”

之后，她说了这样一句话：

“老师，从今天开始我就要勇敢地开口，决不因为不必要的顾虑，扼杀了自己的成功与幸福！”

我为她当场的收获而高兴，而更让我高兴的是，不久她就打电话给我，说自己真的有突破，并创造了原来想象不到的成功：

以前，她一遇到问题，就总有“我不行”的想法，总是不敢迈开步子，业务做得不理想。

最明显的一个特点是，本来他们公司的产品不错，她的客户积累也不错，但她的签单能力总是很差。

经常是与客户交流得很好，最后当她提出是否签单时，客户常常说："好的，我考虑一下。"

她不好意思继续开口，总是等待对方回音。

但大多数时候，客户不会回复她，甚至转手与其他人成交了。

每当出现这种情况时，她往往很灰心，总觉得自己不行，甚至准备放弃这份工作。

但现在，她以积极的心态，决心一定做好成交的"临门一脚"：

当"我不行"的念头一出现，就马上对自己说"打住！你比你自己想象得更优秀"。

之后，她会满脸笑容，再坚持 10～15 分钟继续与客户交流。

她一方面会与客户进行情感互动，并进一步了解客户的诉求与顾虑，另一方面展示出对自己和产品的自信。

难以想象的是：

这样一来，业务成交率大为提高。有一次，客户所订的货还比原来的计划增加了一倍！

后来，有一位营销专家对此做了点评：

当客户说"好吧，我再考虑考虑"时，一定不要离开，再坚持沟通 10 分钟左右。

原因很简单：有可能客户的"好吧"是在敷衍你，也有可能他真正的需求和问题还没有得到解决。

你如果此时放弃，再次约谈客户，他会有 100 种理由拒绝你，且不一定露面了。

但是，如果你这时再坚持一下，一方面展现自信，另一方面进一步抓住用户痛点和诉求，就能帮助他下决心。

这位学员对自己能得到营销专家的认可很开心，但更开心的是：自己真正战胜了“我不行”的魔咒。

她深有感触地说：

“要成功，我们就要在自己的字典里删除‘我不行’这句话！”

那么，我们该怎样树立自信，将“我不行”在字典中删除呢？

一、人生大多数失败，都源于自己打击自己

很多时候，并不是你不行。

假如你少一点打击自己，就会多获得一份本应属于你的机会。

我们不是被生活打败，而是被自己心里的灰暗念头打败！

《成功心理学》的作者丹尼斯·韦特利指出：

“当登上一个新的精神境界之后就会明白——只有当我们打破它的时候，才知道我们曾被投进牢狱！”

如前所述，这位女学员，现在已经是公司主管营销的副总经理。她也经常给员工讲课，讲述自己如何突破的故事。她还总结了一个十分精彩的观点：

“我们每个人之所以不成功或者丧失了唾手可得的幸福，原因是做了一件最不应该的事情——自动坐进一座自己建造的‘心牢’中，把自己紧紧看守着，不让自己出来。

“假如我们勇于砸碎这座心牢，我们就能创造难以想象的奇迹！”

是的，我们应该养成凡事都从积极方面思考的习惯。

有句古话叫“运随心转”。一种积极的心态，会给你带来积极的命运。一种消极的心态，会给你带来消极的命运。

你向着太阳，便会沐浴在阳光里，你向着一把尖刀，就会有生命

危险。

让我们时刻警醒自己，不要把自己囚禁在消极心态的牢狱之中！

二、断言“我不行”的人，其实有着最大的傲慢

这样的观点，或许出乎你的意料。都断言“我不行”了，谦恭到了极点，怎么能说这里有着最大的傲慢？

我们且来做一个简单的主、谓、宾分析吧。

“我”是主语，“不行”是谓语。

说来耐人寻味，仔细分析就会发现：断言“我不行”的人，表面看来很谦虚，其语言是说“我不行”，但其行为，却还有着一个“潜藏的主谓宾结构”——

我（断定）我不行。

这就很有意思了：

“我”是主语，“断定”是谓语，“我不行”是宾语从句。

断言“我不行”，重点不在于“我不行”，而在于“我断定”！

那些断言“我不行”的人，表面看来谦卑，但实际上却潜藏着对自己智力的最大傲慢，有着信念上的自高自大，甚至是对自己权威评价的神化。

因为，这份断言很可能不符合实际。如果不符合实际，自己还断言并坚信，那么，这不正是一种真正的“傲慢”吗？

我们之所以不成功，不是由于别人否定我们，而是自己否定了自己。

不是由于“我不行”，而是本来行，却偏偏要对自己说“我不行”。

三、命运在自己手里，不在别人嘴里

几乎每个人在成长过程中，都遭遇过被人否定。

被他人否定的原因有很多，当被别人尤其是权威人士再三否定的时候，我们很容易丧失对自己的基本信心。

但是，别人的否定就真的是正确的吗？

电影《当幸福来敲门》中有这样一个让人难忘的片段：

推销员克里斯卖不出机器。妻子离去，把孩子留给了他。但他再艰难也没有失去对生活的信心，他一直带着孩子以积极的心态生活着。

有一天在篮球场上，儿子兴奋地对他说：

“我以后想当一名职业篮球运动员。”

也许接下来我们会看到他对儿子的鼓励。

但让人难以想象的是，克里斯却马上就以很果断地声调对儿子说：“你做不到。”

他的儿子一下子愣了。

观众们也都蒙了。

是啊，怎么能轻易地否定一个孩子的梦想呢？

何况，这还是一个一直在给孩子树立不懈拼搏形象的爸爸。

但听到克里斯接下来的话，你就知道他为什么这样说了：

“如果你有梦想，就要守护它。当人们做不到一些事情的时候，他们就会对你说你也不能。”

原来克里斯是想借这个机会给儿子上一堂课：

在我们追求幸福和成功的路上，很有可能遇到他人的否定，甚至是最亲近的人的否定。

这时候你绝对不能接受，而要勇敢地回击：

“不！你别想否定我的理想！”

进化论的提出者达尔文在自传中说过：

“小时候，所有的老师和长辈都认为我资质平庸，我与聪明是沾不上边的。”

爱迪生小时候在班上的成绩是最差的。因为他长了个“偏头”，老师还带他去一个著名医生那里做检查，医生诊断后，煞有其事地说：“里面的脑子也坏了。”

但后来，他竟然成了世界上最伟大的科学家、发明家！

种种事实都让我们看到：在被别人否定时不被打败的重要。

命运在自己手里，不在别人嘴里。

不管别人怎样否定你，也不要失去对自己的信心。

改变发问方式，改“绝不可能”为“完全可能”

我们之所以说事情“绝不可能”，仅仅是由于我们把自己捆绑住了。

如果你觉得一件事不可能，大脑就会为你想出 1000 个不做这件事的理由。

但是，如果你坚信一件事有可能，大脑会自动开始思考实现的种种方法。

当我们改“怎么可能”为“怎样才能”时，原来难以想象的奇迹，或许就会出现。

从“条件导向”转为“目标导向”，这是从平庸到优秀的分水岭。

只有升级思维层次，“不可能的事”才会成为“可能的事”。

当我们逼迫自己勇攀最高峰，总有一天会发现：所有我们以往畏惧的东西，都会被我们踩在脚下！

解决问题时，如果难度较大，很多人会对自己说“绝不可能！”然后不再努力，最终放弃。

与此相反，一个杰出的人，总是通过改变自己的心态和发问方式，最终将“绝不可能”变为“完全可能”。

那么，他们是如何做到这点的呢？

日本“经营之圣”稻盛和夫曾经提出一个著名公式：

人生成就 = 思维方式 × 激情 × 能力

他进一步强调这三者之中，思维方式最重要。因为“这个分值可以是正的也可以是负的，范围从 -100 分到 100 分。”

这实际上是强调：我们要格外重视积极思维，避免消极思维。

的确如此，假如我们拥有足够的积极思维，就能将一件看来“绝不可能”的事情，变成现实！

一、重新发问：改“怎么可能”为“怎样才能”

发问方式，往往决定了解决问题的不同结果。

假如你是一个只有 19 岁的穷大学生，连上学的钱都不够，能够完全凭自己的智慧，在短短 1 年内赚到 100 万美元吗？

我估计：大多数人听到这样的问题，都会笑着摇头，说：“绝不可能！”

如果我再问一句：“你相信有这样的人吗？”

我进一步断定：还是会有不少人摇一摇头，说：“绝不可能！”

但是我要告诉你：这件大多数人认为“绝不可能”的事，真的有人做到了。

这个人名叫孙正义，是日本“软银集团”的创始人，一个被誉为“互联网投资皇帝”的人。

这个身高仅仅 1.53 米的男人，19 岁时就制定了自己 50 年的人生规划，其中一条，就是要在 40 岁前至少赚到 10 亿美元。

这个梦想早已成了现实。

看看他是如何利用智慧赚到人生第一个 100 万美元的。

在制定 30 年的人生规划时，他还是一个留学美国的穷学生，正为父母无法负担他的学费、生活费而发愁。他也有过到快餐店打工的想法，但很快又被自己否定了，因为这与他的梦想差距太大。

左思右想之后，他决定向松下学习，通过创造发明赚钱。于是，他逼迫自己不断想各种点子。一段时期内，光他设想的各种发明和点子，就记录了整整 250 页。

最后，他选择了其中一种他认为最能产生效益的产品——“多国语言翻译机”。

但问题马上来了：他不是工程师，根本不懂得怎么组装机子。

但这难不倒他，他向很多小型电脑领域的一流教授请教，向他们讲述自己的构想，请求他们的帮助。

虽然大多数教授拒绝了他，但最终还是有一位叫摩萨的教授，答应帮助他，并为此成立了一个设计小组。

这时孙正义又面临着另一个问题：他手上没有钱。

怎么办？这也难不倒他，他想办法征得了教授们的同意，并与他们签订合同：等到他将这项技术销售出去后，再给他们研究费用。

产品研发出来后，他去到日本推销。夏普公司购买了这项专利，并委托他再开发具有法语、西班牙语等 7 种语言翻译功能的翻译机。

这笔生意让他赚了整整 100 万美元。

这就是孙正义，他用智慧让一个个“绝不可能”变为了“完全可能”！

一个缺资金、缺技术的青年人，竟然在 19 岁就赚到 100 万美元，是不是很让人震撼？

我们不只敬佩他在短短时间内就赚到了这么多钱，更感念他给树立了这样一个理念：

一个人只要开通“脑力机器”去解决问题，就能创造奇迹！

通过多年来对成功人士思维能力的分析，我发现：

一个人能创造这样的奇迹，关键在于改变发问方式：

将否定式的疑问——“怎么可能”，变为积极的提问——“怎样才能”！

在工作中，许多人总是这样发问——

“怎么可能?!”

一个问号之后是一个惊叹号，其实质是就此打住，不再努力。

但是，优秀的人则会问：“怎么才能??? ……”

问号接连地打下去，直到问出最理想的结果为止。

将思想聚焦在“怎么可能”的怀疑上，你会压抑自己的智力与潜能，把可能性扼杀在摇篮之中。

将思想聚焦在“怎么才能”的探索上，你的脑力机器就会开动起来，把各种“不可能”变为可能！

二、改“条件导向”为“目标导向”

所谓“条件导向”，就是干任何事情，都先从现有的条件出发。

当下有怎样的资源和条件，就干怎样的事情。根据现有的资源和条件正向推演，步步为营，从有到有。

这种做事方式是没有太多压力和风险的，因为如果条件和资源不够，就可以缩小目标甚至干脆放弃目标。

而“目标导向”，就是先树立一个明确的目标，从目标出发，反向推演，步步链接，倒推资源配置、时间分配，链接战略战术、方法手段，从无到有……

如果你目标坚定，真正有着“不达目标誓不休”的气概，你就会想尽办法，创造条件，最终创造“不可能实现”的奇迹。

其实，“只要思想不滑坡，方法总比问题多”并不是现在才有的理念。历史上有许多优秀人士都实践过该理念。

其中也包括一些我们耳熟能详的光辉典型。

大家都知道毛泽东写过一篇《为人民服务》的文章，这篇文章主要赞扬的是中央警备团一位普通战士张思德为人民服务的精神。

鲜为人知的是，张思德不仅有着崇高的精神，也有着遇到问题打破常规、以创新方法解决问题的智慧。

有一次，张思德和战友一起去送信。走到一条小河边，发现没办法过去了，当时正值雨季，河水高涨，他们环顾四周都找不到船只，如果游过去就会把信弄湿，这可急坏了他们。

要是换作一般人，可能会觉得那没办法了，只有找到船只再说，或者冒险游过去，说不定运气好，信也不会被打湿。

但张思德没有这么做，他在河边不断琢磨，终于想出了办法：

他跑到老乡家借来两条绳子，把粗绳的一头拴在河边的一棵大树上，细绳子在粗绳子上打个滑动的结，再用树枝把信别在细绳子下面，他让战友在岸边握住绳结，自己拿着粗细绳子的另一端游到河对岸。

到了对岸之后，他先将粗绳子系牢固，然后开始拉动手里的细绳子，这样，信件随着绳结的滑动完好无损地到了对岸。

看了张思德的故事，我们不得不为他想出的办法拍案叫绝。

张思德出生贫苦，没读过什么书，但为什么这种连很多受过很好教育的人都想不出来的巧妙方法，他却能想到呢？

就是他把“条件导向”改为了“目标导向”。

结合张思德的事件进行分析：当我们遇到难题时，该怎么以目标导向，来实现“绝不可能”的奇迹：

第一，确定一个“非成不可”的目标。

第二，遇到困难，只修改手段，不修改目标。

第三，如遇条件不足，就仔细分析条件，缺什么就补什么。

第四，打开思路，创新思考，直到把问题解决。

一句话，决不找任何借口放弃，不达目标誓不休。

三、提升思考层次，将不可能变为“可能”

很多时候，问题发生在某个层次，在这个层次，或许你怎样思考，问题都无法解决。

怎么办？

不妨提升一下思维层次，换个角度去解决。

这样一来，或许就能找到解决问题的方法。

且看曾担任微软副总裁的著名职业经理人唐骏，当初是如何争取的留学机会。

唐骏当年就读于北京邮电学院。在快要毕业时，他发现摆在自己面前有两条路：

要么出国留学，要么等待分配。

后一条路他不想走，走第一条路，本来他的条件是符合的：总成绩第一，英语也不错。他原本认为其中一个出国留学的名额肯定是自己的。

但学校有关人士说：

尽管学校这一年共有两个公派研究生出国留学的名额，但由于他从来没有当过三好学生，所以轮不到他。

一听这话，他好像挨了当头一棒。学校的这个指标看来是绝对与他无关了。

照一般人的想法，只能是放弃了。但他心中有着“非留学不可”的愿望。于是，他便进行更积极的思考：

有没有别的可能呢？有没有别的方法呢？

他再次对这次出国的条件进行分析，而且跳出本学校的范围进行思考。

他发现：北京这一年一共有 75 个出国名额，而这一年的英语题非常难，成绩合格的寥寥无几。

那么，其他的学校有没有因为考生英语成绩不够，而空出了用不上的出国名额？

这真是一个异想天开的想法。甚至有人将之讥讽为“痴人说梦”。

但唐骏却为自己全新的思路激动不已，之后便立即采取行动。

他挨个给这些学校打电话，询问是否有指标没用完的情况，并咨询能否将这个指标转给自己。

开始时，他受到了一次一次的回绝，甚至是嘲笑和怒骂。

但他还是面带微笑，声音诚恳，毫不气馁地一个电话接一个电话打下去。

到了第三天，当他拨通北京广播学院的电话时，电话那头传来了他梦想中的回答——

“我们还有没用完的出国名额，你可以先来看看。”

他赶紧前去了解，那里的确是有没用完的名额。

但新问题又出现了：

这个名额是北京广播学院的，而唐骏是北京邮电学院的，尽管他的成绩够格，这名额又怎么转给他呢？

有一句名言叫作“山不转水转，人不转我转”，不知唐骏是否从这句话得到启示，他想出了解决问题的新招：

通过沟通协调，他得到了老师与领导的支持，从北京邮电学院转到了北京广播学院！

这样一来，他就具备留学的资格了。

他抓住了机会，如愿出国，不断发展，之后还担任了微软副总裁。

我们不妨再设身处地地思考一下：

假如你当时遇到他那种情况，你会不会就此放弃？

恐怕绝大多数人都会放弃吧？

但唐骏不仅没有放弃，而且真的创造了奇迹。

从思维方式上讲，他的了不起之处，是当得知自己的学校没有留学指标时，不是就此打住，而是让思考上升了一个层次：

从本校层面，上升到全北京市层面。在全市的层面，他找到指标有余的学校，也拥有了在本校没有的机会！

这样的思维突破，是不是对你也有触动呢？

越能把问题想透彻，越能开掘新生机

深度思考远胜浅尝辄止。想问题一定要想到底、想透彻。

只有不断追问下去，才能找到问题的根源，也才能找到解决问题最有效的手段。

对创造性事业而言，不完善不应成为被否定的理由，只能成为进一步完善的理由。

所谓开拓精神，就是除了开辟还要拓进。

只有进一步想透，才会有更大层次的突破

只有想透彻了，才有可能发现：所谓的“危机”，不过是某一方面问题的表现，不仅可以克服，而且可以“翻转一面是天堂”，变成更大的机会。

思考的浅尝辄止，很容易让人将解决问题的难度放大，最后向问题投降。

一个善于解决问题的人，就如一个下棋高手：

看透三步，才可落子，而绝不会像一个新手，懵懵懂懂就将棋子落下去，以致“一着不慎，满盘皆输”。

我在担任记者采访农村经济时，多次看到这种情景：

假如有谁生产某种适销对路的产品，赚了一些钱，便有不少人跟进生产。

但是因为生产得多了，价钱就降下来了，大家便纷纷停手。不少时候，甚至会将前期投入的成本亏掉。

但这样的怪圈，却被几个人打破了。

他们在产品价格下降时，不仅不停手，反而扩大规模，结果不仅没有亏钱，还大赚特赚。

他们就是国内著名的希望集团的创办人刘永好兄弟。

他们当年仅以1000元起家，几年之内，通过养鹌鹑赚到了第一桶金。

正当他们准备进一步扩大鹌鹑养殖规模时，周围很多农民因为受他们的影响，纷纷开始养殖鹌鹑，最终导致产品过剩，价格大幅度下跌。

很多人都亏了本，纷纷关闭养殖场或转行。

这时候，公司的决策层也开始动摇，有人提议见好就收，赶快转行。但是，刘氏兄弟却坚持继续做下去。

他们认为，只要将规模做大，就不会亏本。

因此，他们不仅没有转行，而且加大投资力度，扩大规模。

他们在短短一年的时间内，在四川新津县古家村建成了中国最大的鹌鹑养殖基地，并很快赚到了第一个1000万元。

从刘氏兄弟的故事中，我们能够学到什么？

首先，我们可以学到一个经济学规律：规模效应，某些产品或货品，只要达到一定的规模，成本就会降下来，就容易赚钱。

其次，我们可以学到一种思维——逆向思维。

再次，也是最重要的一点，就是要学会深度思考：

想问题一定要想到底、想透彻。

深度思考远胜浅尝辄止。

只有想彻底、想透彻，才能把握事物的根本。

只有想透彻了，才能开掘出想象不到的新生机，才会发现所谓的

“危机”，只是某一方面问题的表现，不仅可以克服，而且可以“翻转一面是天堂”，变成更大的机会。

那么，如何才能做到“想到底，想透彻”？

一、追问到底，让问题最终迎刃而解

如果不找准问题，所有的手段，都会是无的放矢。

多年前，美国华盛顿的杰斐逊纪念堂前的石头腐蚀得厉害，使得维护人员大伤脑筋，而且引起了游客们的抱怨。

按照一般的思路，最简单的做法就是更换石头。但这样需要花费一大笔钱。

这时有管理人员开始思考：石头为什么会被腐蚀？

原因是维护人员过于频繁地清洁石头。

为什么需要这样频繁地清洁石头？

是因为那些经常光临纪念堂的鸽子们在石头上留下了太多的粪便。

那为什么有这么多的鸽子来这里？

因为这里有大量的蜘蛛可供它们觅食。

为什么这里会有这么多的蜘蛛？

因为蜘蛛是被大量的飞蛾吸引过来的。

那么，为什么这里会有大量的飞蛾？

大群飞蛾是黄昏时被纪念堂的灯光吸引过来的。

通过不断地发问，真正的原因被找到了。

之后，管理人员采取了推迟开灯时间的方法。这样一来，没有了灯光，飞蛾就不会来；没有了飞蛾，就没有蜘蛛；没有了蜘蛛，就没有鸽子；没有了鸽子，就没有了粪便。

小小的一个举措，不但解决了石头腐蚀的问题，还节省了一大笔开支。

二、“不完善”不是否定的理由，而恰恰是如何去完善的理由

人的思维弱点之一，是容易将阶段性问题与本质性问题混淆。

由于看到某一事物还不完善，就对它全部否定，结果是为倒洗澡水而泼掉了孩子。

其实，只要你看到某一问题不过是一个可以完善的问题，就不会轻易将有价值的东西放弃。

在现实中，我们经常会遇到因困难、问题和不完善而不断退缩的事。

1837 年，莫尔斯制造出了世界上第一台发报机，能在 500 米内工作。

当他去找企业家投资时，受到了很多嘲笑，有人挖苦他说：

“电线也能传递消息，那空气也能变成面包吃了。”

当他进行了操作试验后，终于有人表示有兴趣，但了解后却对他说：

“我知道了，这是一种玩具——遗憾的是这还是一种枯燥乏味的玩具。”

也有人意识到发报机很有价值，但当他们得知消息只能发“500 米”时，立刻就放弃了投资的想法：

“500 米，这也用不着发电报啊！”

电报只能发 500 米，在一段时期内是莫尔斯发明的“死结”。

但是，这毕竟只是一个需要完善的问题。

后来，莫尔斯终于通过改进发报和收报装置，并在传播线路上添加一种能起接力作用的继电器，解决了电流在传播过程逐渐减弱的问题。

最后他赢得了美国国会的支持，使得自己的宏大理想得到了彻底实现。

其实，很多创造性发明都是为解决问题出现的。

电商发展起来，如何支付就成了问题。于是，支付宝就出现了。

快递送货怕丢失，于是蜂巢也出现了。

对创造性事业而言，不完善不应该成为被否定的理由，而只能成为进一步完善的理由。

三、只有再往前想透，才会有更大层次的突破

我们经常谈到“开拓精神”。

开拓精神是人类最可贵的精神之一。那么，什么是开拓精神呢？

所谓开拓，就是除了开辟还要拓进。

而且，拓进的意志和能力，有时比开辟更为重要。

我们将这种不断拓进的力称为拓力。这是一种绝对不可缺少的思维力，是一种穷尽可能的力。

曾经有人问爱因斯坦，他与普通人的区别在哪里。爱因斯坦回答说：

“如果让一个普通人在一个干草垛里寻找一根针，那个人在找到一根针后就会停下来；而我则会把整个草垛掀开，把可能散落在草里的针全部找出来。”

这一表述，正是对这种拓力的生动说明。

那么，拓力体现在哪些方面呢？我认为，它是一种三维结构：

- 深层拓力——拓进：对本质的探寻；
- 广度拓力——拓大：从现有领域拓大到其他领域；
- 阶段拓力——拓展：除初创外还有继创，不断超越。

上述三点，分别从根本、空间和时间三个方面，对解决问题的“极限”进行挑战。

只要把握了其中一点，就有可能有大的突破。

在这方面，德布罗意就是一个典型的代表。

众所周知，爱因斯坦发现了光具有波粒二象性，这是一项历史性的发现。

德布罗意在研究物质粒子的特性时，在一段时期内被很多问题所困扰。

最后，他大胆地想：既然波粒二象性适合于光，那么，是否适合所有物质呢？

经过大胆的实验和小心求证，他终于发现物质粒子也具有波粒二象性。

他的这一发现，成了20世纪物理学最重要的发现之一。

四、只有思考到一定阶段，奇迹才会呈现

希望集团的成功证明了：

如果只想一步，就会发现产品降价了，出现危机，进而不得不转行。

但是再往前想一步，干脆进一步扩大规模，反倒可以赚更多的钱。

这样一来，所谓的“问题”，恰恰成了他们获得发展的好机会。

在面对工作和生活中的各种问题时，人们更需要有这样的思维品质！

第三章

方法为王：让问题迎刃而解

找准“标靶”：问题到底是什么

要解决问题，首先要对问题进行正确界定。

弄清了“问题到底是什么?”就等于找准了应该瞄准的“靶子”。

否则，要么是劳而无功，要么是南辕北辙。

“一个界定良好的问题，已经被解决了一半。”

回到解决问题的真正目的。因为，只有找到“真问题”，才有“根本解”。

一个人如果劳而无功，很可能是弄错了用力点。

问题界定好了，还可以考虑从其他方面甚至相反方面找方法。

既然我们在心理上战胜了对问题的恐惧，现在就可以来探究对问题的解决方法了。

一谈到问题的解决，有人可能会说：

好啊，赶快告诉我们解决问题的技巧吧，让我在最短时间内成为一个解决问题的高手。

急于解决问题是一种很大的诱惑，但是，如果只冲着快点解决问题的目标而去，很可能会劳而无功，甚至南辕北辙。

为什么呢？因为，要解决问题，首先是对问题进行正确界定，即弄清楚：

“问题到底是什么？”

找准了问题到底是什么，等于找准了应该瞄准的“靶子”。

一、找到“真问题”，才有“根本解”

著名思想家杜威说得好：

“一个界定良好的问题，已经被解决了一半。”

刘润老师更是明确指出：找到“真问题”，才有“根本解”。

这其实就是要你找到真正的问题。

只有找到真正的问题，你才能从根本上将其解决。

让我们从众所周知的“司马光砸缸”的故事讲起吧。

有一天，司马光跟小伙伴们在后院里玩耍，有个小孩爬到大缸上玩，失足掉到缸里的水中。

别的孩子们赶紧去叫大人。司马光却急中生智，捡起一块大石头，使劲向水缸击去。

水涌出来，小孩也得救了。

虽然这个故事几乎家喻户晓，但你有没有想过：

我们除了可以从这个故事中得到“要聪明”的启示外，司马光的思维方式到底为什么了不起呢？为什么值得学习呢？

在我很小的时候，就被这个故事深深迷住，这也是促使我对研究思维方法着迷的起因之一。

我一直想学到司马光的思维方式，可一直觉得没有办法照搬：

不可能又有一个小朋友掉到水缸里，让我们再救一次吧？

直到我研究思维学以后，才恍然大悟：

原来，司马光最了不起的地方，就是善于界定问题，

这个问题，归结到一点上，就是一个“分”字：

只要水和人分开了，就可以了。

既可以让大人采取拉的方式去救小伙伴，那是让人离开水。

也可直接采取砸缸的手段救出小伙伴，让水离开人。

既然大人不在身边，那么，采取砸缸的手段，也能让水与人分开，这样不是更好的方法吗？

一个“分”字，界定了解决问题的方式！

这不就是“一个界定良好的问题，已经被解决了一半”吗？

界定问题就是找“靶子”。找不准靶子，就会无的放矢。

靶子找准了，靶心突出了，解决问题就有了基本的保证。

有一段时期，全世界都在研究制造晶体管的原料——锗。

大家认为最大的问题是如何将锗提炼得更纯。

日本的江崎博士和助手黑田百合子也在对此进行探索，但无论采

用什么方法，锗里还是会混进一些杂质，而且每次测量都显示了不同的数据。

后来他们反思：

研究这一问题的目的，无非是要让锗能制造出更好的晶体管。

于是，他们去掉原来的前提，另辟新途，即有意地一点一点添加杂质，看它究竟能制造出怎样的锗晶体来。

结果，在将锗的纯度降到原来的一半时，一种最理想的晶体产生了。

此项发明一举轰动世界。

从这个例子中，你学到了什么？

错误界定：将锗提纯。

正确界定：制造出更好的晶体管。

制造出更好的晶体管，才是解决问题的根本目的。

毫无疑问，从解决各种工作中的问题、创造发明，甚至到治国安邦，界定问题是解决问题的前提。

二、如果你劳而无功，很可能是弄错了用力点

在工作中，我们有时候付出了很大努力，但总是不见成效，甚至越努力越没效果，劳而无功。

此时你需要停下来，反思一下：

是不是自己的用力点弄错了地方。

孙振耀曾担任惠普中国区总裁，被誉为“中国职业经理人的榜样”。

他在惠普工作 25 年，经历了 4 任全球 CEO、19 任来自全球不同地区、性格各异的上司，每一任上司对他的表现都很满意。

因为不管面对什么样的领导和工作环境，他总是很快就能适应。

刚到惠普，工程师出身的孙振耀突然被公司要求转为做销售工作。

最开始三个月，他一台仪器都没有销售出去。

他本来是做技术的，现在要做销售，一下子还不能适应。因为当时没有电脑和手机，交通也不方便，他和客户的联系往往通过书信进行。不仅如此，他总是按照做技术时的工作方式，将产品规格、技术指标等通过信件告知客户。

可客户总是说这个不对、那个也不对，因为对方也是工程师，两个人总是在较劲，单子也总谈不下来。

有一次，上级问他业绩如何，他说出了自己的苦恼。

上级听后只说了一句：

“客户是不喜欢你的产品还是不喜欢你这个人？要从人性开始琢磨。”

孙振耀一下子醒悟了：不能老是拿工程师的思维方式去做销售工作，做销售工作首先需要处理好人际关系。

意识到这一点后，他开始离开办公桌，主动出去拜访客户。

算准了客户下班的时间，他就提前在客户的办公楼下等。有时候为了有更多时间和客户沟通，他还主动开车送客户回家。三个星期后，客户购买了孙振耀的产品。

这些经历给了孙振耀很大的触动，后来他总结出了这样一个观点：

在一个不断发生变化的“动”时代，只有具备适应能力的人才能够生存下去。

刚进惠普，孙振耀并没有因为从做技术转为做销售而感到不满，而是调整自己去适应工作。

这种适应能力，也成为他后来在职场发展的核心。

解决一个问题，一定要从问题的本源去着手。

当劳而无功的时候，就要反思是不是用力点弄错了，这是我们能让自己找到问题症结、并将其解决的基础。

三、考虑从其他方面甚至相反方面找方法

这是界定问题最有魅力的地方。

第二次世界大战期间，一天夜晚，苏联军队准备趁黑夜向德军发起进攻。

可是那天晚上偏偏有星星，大部队出击很难做到高度隐蔽而不被对方察觉。

苏军元帅朱可夫为此思索了很久，突然想到一个主意，立即发出指示：

将全军所有的大探照灯都集中起来。在向德国发起进攻时，苏军的 140 台大探照灯同时射向德军阵地。

极强的亮光把隐蔽在防御工事里的德军将士照得睁不开眼，什么也看不见，只有挨打而无法还击。苏军很快突破了德军的防线。这成了第二次世界大战中的一个著名战例。

我们再来对问题的界定进行分析。

错误界定：天黑方好向敌人发起攻击。

正确界定：让敌人看不见就好发起攻击。

本来认为黑到大家看不见才好发动进攻。现在却是完全相反，不是让天黑，却是要以光明——加倍的光明来解决问题。

在这里，“天黑”不是正确的界定。

“看不见”才是正确的界定！

这一来，从反面着手解决问题，不就更有效果吗？

以横向思维来解决问题

在一个地方打井，如果老不出水，就不要继续打，而考虑重新换一个地方。

要打开思路，可从从横向思维入手。

要获得新的机会，就要警惕“路径依赖”，并善于发展第二条曲线。

打破惯性思维，“另起一行”可能会创造超凡机会。

经常询问“还有没有其他的处理方式”，就可打开解决问题的新思路。

要善于解决问题，就得充分打开思路。

而要打开思路，就可从横向思维入手。

一、“换地方打井”：打破思维惯性实现颠覆创新

横向思维又名水平思维，是著名思维学家、“创新思维之父”爱德华·德·波诺提出的。

它是与纵向思维（垂直思考法）形成对比的思维法，是享誉世界的思维法之一。

1984 年，美国商人尤伯罗斯操办洛杉矶奥运会，将奥运会一举扭亏为盈。当记者采访他时，他承认其中很重要的一点是学习了爱德华·德·波诺的这种思维法。

那么，这种思维方式的特点是什么呢？

爱德华·德·波诺的解释是：

“水平”（横向）是针对“纵向”而言的。“纵向思维”主要依托逻辑，只是沿着一条固定的思路走下去，而“水平思维”则偏向多思路地进行思考。

为此，他打了一个通俗的比方——换地方打井：

在一个地方打井，老打不出水来。纵向思维的人，只会嫌自己打得不够努力，从而增加努力程度。

而水平思维的人，则考虑很可能是选择井的地方不对，或者这口井根本就没有水，又或者要挖很深才可以挖到水，所以与其在这样一个地方努力，不如另外寻找一个更容易出水的地方打井。

纵向思维总是按照一定的思考线路，在一个固定的范围内，自上而下进行垂直思考，这样，人们普遍关注“为什么”而不是关注“还有可能成为什么”。其创造力就受到了局限。

而横向思维则不断探索其他可能性，所以更有创造力。

横向思维最大的特点，就是要突破通常的思路。

这可能是你惯常的思路，也可能是大多数人想的思路。

这里最重要的一点，就是要敢于向“路径依赖”挑战。

所谓路径依赖，讲的是一旦人们做了某种选择，就好比走上了一条不归之路，惯性的力量会使这一选择不断自我强化，并让人轻易走不出去。

哈佛大学的黄乐仁副教授分享过这样一个精彩的案例。

她喜欢在创业课程中，培养学生独立思考和创造性思维的能力。

为此，她将学生分为多个小组，每个小组发一个信封，里面装有5美元。

她布置的作业是：如何用这 5 美元作为“种子资金”，去赚更多的钱？

对如何创业，她没有任何形式上的限制，大家都可以随自己心意确定创业内容，唯一的要求是盈利。一周之后，各组要向全班展示自己的创业项目，并公布赚了多少钱。

实际上，这是一个并不好做的作业。

最大的问题是 5 美元实在太少，往往只够给心爱的女孩买两枝花，或者去 Costco 超市买一份烤鸡。

但是，学生们所展示的创新能力还是让她很惊喜。

各小组纷纷开动脑筋，创造了种种赚钱的门路：

有的小组选择提供洗车服务，用这 5 美元买了洗车需要的海绵、清洁剂、车蜡等材料。

有的小组开展社区跳蚤市场和促销活动，向每位摊主收取服务费，然后用 5 美元为各个推位制作宣传页。

有的小组用 5 美元能买到的材料做了烘焙小食出售。这些小组表现都不错，以 5 美元的成本带了可观的收入，通常都能赚回四五百美元。

但是，最厉害的一个小组，却创造了一个许多人难以想象的奇迹：

他们赚到了整整 4000 美元！

而且，更让人难以相信的是：

这 5 美元“种子资金”，他们根本就没有用！

那么，这样的奇迹是怎样创造的呢？

原来，他们完全跳出“只用 5 美元”的思维限制，而是去思考一个问题：

“我们最大的价值是什么？能让谁出最多的钱？”

他们发现：他们最大的价值，就是“哈佛大学”这个名牌大学的价值。每年都有一些企业到学校招聘大学生进入自己的公司，或者找学生进行季节性的兼职。

于是，他们进一步认识到自己当时最具价值的资产不是信封里的5美元，而是他们一周后在课堂上进行展示所占用的那段时间。

他们找到了一家正想招募学生做季节性兼职的公司。把这段时间，以4000美元的价格“卖”给他们。

他们为这家公司制作了一支宣传短片，并在一周后的项目报告课上播放。

看到没有？因为看待问题的视角全然不同，跳出了原来“只有5美元种子资金”的限制，他们用另外的资源最大限度地创造了收益。

这就是横向思维的价值：

打破原来的思维惯性，寻找另外的可能，甚至完全跳出原来的条件限制，就能找到更好的思路，创造超凡的机会！

黄乐仁在《破局思维》中分享了上述故事，并做了如下分析：

“更要紧的是，只盯着5美元，就把价值上千美元的机会都排除在外了。你看，5美元此时成了一把锁，限制了同学们的想象。”

你最宝贵的资源，并不是这5美元。

把眼光局限于这5美元会减少很多的可能性。

所以，与其被这5美元限制住，不如跳脱到这5美元之外，考虑各种白手起家的可能性。

这种思维方式，就是现在人人追求的“think outside the box”——找到最直观的解决方法然后排除它。

“当遇到问题时，先找出看起来最明显的解决方法，然后将它排除掉。好，现在可以开始思考其他的解决方式了。”

善于这样做的人，不仅能发现别人看不见的解决方式，还能识别别人没有意识到的资源，并挖掘出理想的价值。

人都是受惯性思维支配的动物。

但是，当我们打破这种惯性思维，尤其打破原来那种“非……不可”的执念，找到新的可能，就会发现摆在眼前的道路是那样的宽广。

二、淡化“主流”意识，在不起眼处创造更大的机会

蒙牛的创始人牛根生有一句很励志的话：

“人生要学会另起一行。”

前不久，我与一个成功的青年企业家交流。1 年以前，他离开原来的大单位，选择一个新项目创业，结果一炮打响，成了“跨界创业”的典型。

在我问他为什么能取得这样的成功时，他回答说：

“在我们这个急剧变化的时代，创业也要学会另起一行。当你发现一个很有价值但很少人去做的领域时，往往有着超凡机会。”

不管是牛根生说的“人生要另起一行”还是这位青年企业家说的“创业要另起一行”，其实都是创造性的横向思维。

在我身边，就有这样一个生动范例：

她是一家青年报的科学编辑，工作很出色，但在人才济济的报社，还没有展现出理想的光芒。

在工作过程中，她发现有不少青年读者，在工作和生活遇到了问题时，却没有地方表达和交流。于是她提出一条新的思路：开办一条专门针对青年人的心理热线。

这是一个全新的想法，但在报社里算不上主流。因为更多的编辑和记者们，认为自己的工作主要是写作和发表新闻稿件，要花时间干这样的事，未必值得。

但领导还是同意了她的想法。热线很快开通了，竟然产生了意想不到的效果：在社会上产生了极大的反响，电话几乎被打爆。

众多青少年的心声，通过一条简单的电话线汇集到了一起，也为这位编辑提供了很多写新闻的素材。

后来，单篇的文章发表已经远远不够了，报社干脆在报纸上开辟了一个新的版面，名叫《青春热线》，每周以 4 个整版的篇幅发表这些读者的心声。

《青春热线》后来成了该报社最受欢迎的栏目之一。而这位编辑，很快获得了中国新闻界最高荣誉——韬奋新闻奖。

这个故事发生在我曾经工作过的单位——中国青年报报社。而这位脱颖而出的编辑，是我的同事和朋友，名叫陆小娅。

她之所以能够取得这样的成功，有两个十分重要的因素：

第一，在工作中，具有自动自发的精神。具有这种精神的人，往往能创造别人无法创造的机会和价值。

第二，另起一行，在一般人不太注意的地方发掘新的机会。

机会常常产生在边缘，产生在一般人没有留心的地方。

这其实是在一定程度上淡化了“主流意识”，打造竞争的“蓝海机会”。

很多时候，主流往往是竞争激烈的“红海”，所以有意避开，就能创造竞争少、效益高的“蓝海”。

正因为一般人不怎么留心，当其被发掘出来，往往会变成超级机会。

三、经常询问“还有没有其他处理方式”，让解决思路越来越宽

很多时候，我们之所以对问题产生恐惧、畏难的情绪，是因为我们的思维没有打开，总觉得要解决问题，只能朝一个方向去努力。

实际上，解决问题的方法往往不止一种，这种方式不行，还有另外的方式，总会有更多更好的办法。

这时候，有一个法宝。

好好问一下自己：“还有没有其他思路？”

在一个著名的植物园，每天都会有大批游客前来参观。但是有一个问题：一些游客总是趁管理人员不注意，将一些花卉偷走。

后来，植物园换了一个管理员。他将公园的告示牌做了一点小小的改动，就杜绝了偷花的现象。

原来的告示牌上写的是：

“凡偷盗花木者，罚款200元。”

现在，他将告示牌改为：

“凡检举偷盗花木者，赏金200元。”

结果，一直解决不了的问题，一下就解决了。

为何小小的改动能带来这么好的效果？听听这位管理人员的回答吧：

“原来那么写，只能靠我的两只眼睛来监督。

“而现在，可能有几百双警惕的眼睛在帮我监督。”

这是何等奇妙的转换！

遇到问题，我们应该学会改换思路。

思路一改变，原来那些难以解决的问题，就有可能迎刃而解。

以侧向方法解决问题

思考问题时，不从正面角度，而是采用出人意料的侧面角度来思考和解决问题。

我们可以从侧向找关联、从侧向找价值、从侧向突出兴奋点……

培养侧向思维能力，关键在于两点：

1. 养成“迂回”思考的习惯。

2. 把握强弱的辩证。

侧向思维，是一种不从正面角度，而从侧面来思考和解决问题的方法。

由于它避开了人人容易看到的正面，所以往往能从常人看不到的角度，发现问题，发现机会，找到解决方案。

这种思维，往往能让人感受到“旁逸斜出”的魅力，收到出人意料的效果。

那么，侧向思维都有哪些具体方式呢？

一、从侧向找关联

如果你是一家电影公司的职员，现在，公司要在另外一个城市开一家新的电影院，安排你做一件事：

在一到两天的时间内，帮公司寻找一个最适合开电影院的地方。

你有把握在这么短的时间内找到吗？

众所周知，开电影院和开商店的经验是一样的：第一是位置，第二是位置，第三还是位置。

位置为什么如此重要？因为，商店和电影院生意要兴隆，首先得人气旺。而人气要旺，就必须将位置选择在人流量多、消费能力强的地方。

但是，说来容易做来难，这样的地方也不是那么好找的。

很多人面对这样的问题，很容易根据常规思维，用测算人流量的方法去解决。

其中最直接的方法（正向方法），就是每天派人到各处实地考察，但这样需要耗费大量的时间和精力，短时间内根本不可能得出结果。

还有一种办法就是请专门的调查公司去做调查，那花费肯定是少不了的。

除这两种方法外，还有没有更好的方法？

日本一位电影公司的主管，就遇到过这样的问题。但他只采用了一个非常简单的方法，就轻而易举地将问题解决了。

他是怎么做的呢？——带领自己的下属，到将要开设电影院的城市的所有派出所进行调查。

调查的目标十分简单：哪个地方平时人们丢钱包的情况最多，就选择该地开电影院。

结果证明，这个选择简直太对了，这家电影院成了电影公司开设的众多电影院中最火的一家。

做出这样选择的理由是什么？

因为丢失最多钱包的地方，就是人流最大、消费活动最旺盛的地方。

这位主管所采用的方法，就是侧向思维法。

它的具体做法是：

思考问题时，不从正面角度思考，而是采用出人意料的侧面角度来思考和解决问题。

有时找到某种关联是解决问题的关键。如果从正面寻找，或者太费劲，或者有其他不便，这时不妨试着从侧面去寻找。

关于开电影院调查的例子的思路：

1. 目标：最理想的地方——人最多的地方。

2. 人最多的地方表现为：a，人头涌动；b，拥挤；c，吵吵嚷嚷；d，容易丢东西；e，其他……

3. 去掉其他方面的表现，仅选一个重要的侧面：容易丢东西。

4. 从哪里才能知道什么地方最容易丢东西——派出所。

这样从侧面顺藤摸瓜，问题很快就有解决的方法。

二、从侧向找机会

当大家都在盯住某一事物的正面价值即主要价值的时候，你去关注与此相关的侧面价值，说不定可以从中挖掘出独特的机会。

时下，不少青年人都觉得赚钱很难。如何找到新思路赚钱，是大家很关心的问题。

我们来分享一个年轻女孩通过画画赚钱的故事。

画画作为一种艺术追求，怎么去努力都可以，但是如果谈到是否赚钱，一般只有两种情况：

一种情况是，成为画家，卖画卖出好价钱。这往往要等到年龄较大，而且水平得到多方承认以后。

另一种情况是，在学画的过程中，投入不少的精力、时间及资金，但不可能赚钱。

这也是一些孩子有画画天赋，但家长不愿意送他们学画画的原因。

但是下面这个曾由不少媒体报道的女孩，让我们看到了另外一种可能：

一位名叫张丽佳的普通农村女孩，当初走上画画这条道路是她为数不多的坚持。艺考培训费一次 8800 元，她一共花了 3 万多。

后来，她考入广东某大学服装设计专业，为了支付高昂的学费，她的课余时间几乎都在兼职。

她做过平面模特、礼仪小姐；给学化妆的人练手，一坐就是一两个小时；也在高温天穿着公仔服发过传单。比较接近本行的工作，是在超市里给买牛奶的人画头像。

大二那年，学校附近一间面包店开业，老板想在墙上画一些壁画，便联系了她。她画完后，老板给了她一些报酬。从那以后，她好像发现了一个新天地。

毕业后，她回到老家，向父母表达了从事壁画行业的想法，意料之中遭到了反对。

在父母看来，女孩子就应该按部就班找一份坐办公室的工作，或是做一个美术老师，不管哪种选择，都比四处为家的壁画师安稳。

张丽佳选择离开了家，到大城市中寻找画壁画的机会。

其实进入这个领域后，她发现能拓展不少业务：有的社区要画壁画，有的高档住宅的业主要画壁画，还有一些楼堂馆所也要画壁画。

她不断拓展业务，也很注意将艺术与时尚相结合，选择浮雕壁画作为主攻的方向。

她所画的孔雀浮雕壁画，既栩栩如生又很显意境，结果越来越受欢迎。

再后来，张丽佳在别人的鼓励下，尝试将自己画壁画的过程拍下来，并传到她注册的抖音账号上。

开始时，没有多少反响。

不久，她又尝试着上传了一幅在感冒中创作的《红运当头》，画中瀑布山石，缀着红叶，十分动人，获得了18万点赞量。

这一下激发了她更大的自信，不断创作作品并将它们上传到抖音的积极性也随之提高。随着作品越来越受肯定和赞赏，她沿着自己选择的路走下去的决心也越来越大。

后来，她的抖音账号拥有600多万粉丝。这不仅进一步提高了她的影响力，让她的壁画订单供不应求，而且还让她获得了不少在线下培训班讲课的机会。

有一篇署名为陈泰山的作者所写《95后女孩成为壁画师：靠手艺赚大钱，1个月轻松赚50万》的文章，对她的故事进行了如下点评：

“大家千万别小瞧了张丽佳，说年轻人赚钱容易放到她的身上一点也不为过。

“她是真的靠画壁画赚到了钱。当很多年轻人还在执着于进行自己的涂鸦艺术创作的时候，像张丽佳这样聪明的孩子已经开始利用自己的绘画技巧，在新的领域之中赚钱了。”

张丽佳的做法，其实就是侧向思维的充分运用：

按正向思维，画画的方式，应该就是画到一张张画布上或者纸张上。

如果要赚钱，就要很有名，然后到艺术交易场所去卖画。

但是，张丽佳的画却不是画在纸上，而是画在墙上。

当大家都在盯住某一事物的正面价值即主要价值的时候，你去关注与此相关的侧面价值，说不定可以从中挖掘出独特的机会。

再来看一个经典案例：

美国加利福尼亚州兴起淘金热时，淘金者蜂拥而至。

有些人发财了，但也有很多人血本无归。

有一个叫作亚默尔的年轻人，本来也是来淘金的，但一个偶然的机会使他发现：在这里要喝到水很困难。

独具慧眼的他，立即意识到这是一个很大的商机，于是放弃了淘金转而做起卖凉水的买卖来。

刚开始做的时候，有人嘲笑他说：

“千里迢迢来这里，不抱西瓜却拣芝麻，真是可笑之极。”

但他不为所动，最后靠着卖水，在很短的时间内就赚了 6000 美元。

当不少淘金者还在挨饿的时候，他已经完成了原始资本的积累。

这就是从侧向找价值。

“侧向凸出”的关键在“凸出”，即把独特的侧向价值挖掘充分，发扬光大。

三、从侧向突出兴奋点

当下，网红带货是一个热点。如何培养善于带货的能力，是许多人最关心的问题。

我不由想起英国作家毛姆推销自己作品的故事。

毛姆在未成名前，生活很困窘，写的书卖不出去。

后来，他想了一个办法，在一家最有名的报纸上登了一则广告：

“本人是一位年轻有教养、爱好广泛的百万富翁，希望找一位与毛姆小说中的女主角一样的女性结婚。”

结果，毛姆的小说很快就被抢购一空。

书卖不出去，直接宣传书本身的价值，是正面的做法，但很可能费力不讨好。

那么毛姆就从侧面做文章：

通过一个百万富翁的征婚广告，来刺激人们的兴奋点——究竟毛姆的小说有多大的吸引力，使得这位年轻的百万富翁竟要把其中人物作为择偶标准？

于是，在好奇心的驱使下，大家纷纷购买毛姆的小说。

不管是推销产品还是宣传自己，最重要的是吸引人。而要吸引人，就需要突出兴奋点。

有时兴奋点的突出从正面很难实现，但假如从侧面去做，效果可能就完全不同。

本来是卖书的广告，却以一则征婚广告的形式来呈现。这就是侧向思维的魅力！

最了不起的地方，就是把自己要解决的问题，与别人最关心的事情挂钩。

他不会对你本身的问题感兴趣，但一定会对他自己关心的事情感兴趣。

如果你能从这个案例中学到这一招，不仅对你提升自己的影响力有益，而且可能让你成为超级网红。

四、两大要点

发展侧向思维能力，关键在于两点：

1. 养成“迂回”思考的习惯，将思维强行扭转到“不起眼处”，强制自己从侧向角度思考。

拿破仑有句名言：“我从来不正面攻击一个可以迂回的阵地。”侧向思维往往需要“拐弯抹角”。

因此，能不能养成“迂回”思考的习惯，是能不能有效进行侧向思维的关键。

2. 把握强弱的辩证。

它要求即使在有明显正向方式的情况下，也要强行将思维往侧面“拐弯”，拐到“不起眼处”“次要处”“配角处”来。

这其实体现了一种强弱的辩证。

我们可以从多方面形容其辩证的关系：

配角即主角，轻处即重处，不“起眼”即大“起眼”，迂回即近路、“岔路”即正路、“附带效果”即最大效果等。

而所有强弱的变化，都伴随着一个“隐”“显”转换的过程：

所有的强——“主角”“起眼”“重”“近路”“最大效果”等，在开始时都是“隐”的。

只有到了最后，才能感觉到别开生面之妙，甚至让人有“我怎么没想到”的惊叹。

以逆向方法解决问题

当正面方法走不通时，可以尝试从反面角度，说不定一下子就走通了。

逆向思维方法就是大违常理，从反面探究解决问题的方法。

具体而言，掌握逆向方法，主要应该重视这些方面：

颠倒次序，常能出奇制胜。

逆向解决，更易柳暗花明。

逆向运用，可以化废为宝。

正反索因，多有科学发现。

顾名思义，逆向方法就是大违常理，从反面探究解决问题的方法。

很多时候，对问题只从一个角度去想，很可能进入死胡同。

因为事实可能完全相反；有时，问题实在很棘手，从正面无法解决。

这时，假如探寻逆向可能，反倒会有出乎意料的结果。

这种思维有一个最容易记住的模式：“因为，反而……”

逆向思维的方式非常厉害。有的人说一万个人中能掌握逆向思维的，可能不到5%。

但只要你掌握了它，就有一种常人难以想象的奇效。

一、逆向更换思维方向，更能实现颠覆创新

比尔·盖茨有句名言：

"在创新面前，生意是不平等的。"

而最大的创新，是颠覆式创新。

要实现颠覆式创新，采用逆向思维是最好的方式之一。

作为青年成功的典型，创办了字节跳动的张一鸣，无疑是最成功的人之一。

而分析他为什么能成功，其思维方式绝对有至关重要的作用。

在思维方式中，善于使用逆向思维是格外值得总结的。

我们且来分析一下他创办今日头条的思路历程。

张一鸣在南开大学毕业后不久，就进入一家名叫酷讯的公司。有一次，他也遇到一个我们很多人遇到过的问题：

想买火车票回家，却发现没有票了。

遇到这种情况，人们往往是过一段时间再去网上看一下，或者找"黄牛"加价买票。

但张一鸣没有这么干。当时是午饭时间，他充分发挥自己的技术优势，用一个小时写出了自动抢票的小程序。

结果半小时不到就收到了抢票成功的短信提示。

这件事或许给了他一个至关重要的灵感：

"不一定要自己找信息，也可以让信息找你。"

后来，又过了几年，移动互联网成为主流，张一鸣对此在战略上做了如下判断：

"越是在移动互联网上，越是需要个性化的个人信息门户。我们就是为移动互联网而生的。"

"在这个前提下，帮用户发现感兴趣、有价值的信息，机会和意义都变得非常大。"

于是，他开始第五次创业，创办了今日头条。

这从一定角度讲，属于内容创业范畴。当时的互联网大公司都对内容创业瞧不上眼，认为其过时了，还有许多做内容的传统媒体和网站，再深耕这一块，没有任何竞争优势。

但是，张一鸣的优势，恰恰是自己不直接去做内容。

他团队里100多号员工全是技术人员，没有一个懂新闻的，连总编辑都没有。

那么，今日头条是按怎样一种思维模式进行运作的呢？

其实，和当初他写程序买火车票是同一种思维：

不是让人去找内容，而是让内容找人。

他通过机器识别、分发的方式，将个性化的内容，分发给对有关信息、新闻感兴趣的人。

举例来说：你对国际时事感兴趣，系统可能更多给你推荐俄罗斯与乌克兰的战事等方面内容；你对明星婚恋感兴趣，系统可能更多给你推荐明星离婚或结婚的内容，等等。但是张一鸣却决定不生产内容。

今日头条不去做内容，而是要做内容搬运，通过算法、大数据挖掘，让1000个人看到1000个不同的版本。

这样，成千上万的网站内容就成了张一鸣的信息源，而且是自动获取。

在0.1秒内计算推荐结果，3秒完成文章提取、挖掘、消重、分类，5秒计算出新用户兴趣分配，10秒内推送到用户端。

“你关心的，才是头条！”

这句话，充分体现了今日头条的运营模式。

更有网友称，张一鸣是新闻界的“颠覆者”。

从“让人去找内容”到“让内容找人”的思路，是不是一种革命性的思维？

这种革命性的思维，其实就是逆向思维。

就是颠覆传统做法的思维。凭着这种思维以及有关数据智能，今日头条打败了不少非常成熟的门户和新闻客户端。网上有一个非常有意思的提问：

“头条创始人张一鸣没有任何大厂经验，是怎么做出这么厉害的产品的呢，以及管理这么大的团队呢？”

回答也很妙：

“超级牛人，有着不同凡人的脑袋。那只能是开大厂的人。”

“投资之神”巴菲特的搭档查理·芒格，被巴菲特誉为“把我从野蛮人变为文明人的人”，是最重视思维模式的人，他的代表作《穷查理宝典》就讲过不少思维模式。

而他最重视的思维模式之一，就是逆向思维。

他经常说的一句话是：

“倒过来想！倒过来想！”

看了张一鸣创办今日头条的故事，和查理·芒格对逆向思维的重视，我们是不是也可以经常从反面进行思考，并努力做一些颠覆式创新呢？

二、逆向解决问题，更能柳暗花明

侧向思维一章中，我们讲过，如果是做店铺生意，往往有这么一个规律：

“第一是位置，第二是位置，第三还是位置。”

如何拥有一个好的位置，是让生意兴隆的关键。

但是，要拿到好的位置，不仅需要更多的钱，有时还需要其他有分量的条件。那么当这两点都不具备的时候，该怎么办呢？

在湖南，有个号称“万人排队的超级 IP”文和友，从一个起步于长沙的街边小摊，11 年后成为超级 IP，并且有长沙、深圳、广州三店，常以排队人数众多著称。

文和友先从路边摊，升级成了一个有规模的大排档，号称长沙夜宵中的战斗机。

再后来，文和友杜甫江阁店的小龙虾格外火爆，不仅当地人喜欢吃，更成了外地人来长沙爱去的店。

有一段时间，湖南卫视的综艺节目要么是在文和友取景，要么就是文和友带着吃的上节目，甚至有人称“一个文和友，半个娱乐圈”。

但是，没有想到文和友最火的龙虾馆“杜甫江阁店”遭遇拆迁，他们不得不选择其他的营业场所。

他们看中了商圈内的海信广场。

当时，能进海信广场一楼位置的是星巴克这类国外品牌。

没有好的品牌，没有足够的资金，就别想拿到关键铺面。

那么文和友是如何做的呢？

是比别的大品牌多交租金吗？

绝对不是这样。

他们采取了一个完全逆向思维式的操作：

一般而言，品牌争取入驻，目的是获得流量，而要获得流量，就要想尽办法去拿到在这个规则之内对自身最有利的铺位。

当别人试图从商圈、商场获得流量的时候，文和友却看到了自身的价值，并与相关方面交涉：

“我们能贡献流量。”

他们将自己能给海信广场带来的这一好处告知对方，希望对方能给自己提供更好的位置。

换句话说，其他品牌是在寻找商铺的最好位置，希望商铺给自己带来流量。

文和友却强调能为海信广场创造更多流量，从而占据商铺最好的位置。

海信广场将国际品牌的黄金位置给了文和友，并且配合做了堪称工程量巨大的建筑工程改造。

看一看，从逆向思维着手，是不是也能柳暗花明，而且效果更好？

历史上，还有一个更牛的故事：

南唐后主李煜派博学善辩的徐铉作为使者到大宋进贡。

按照惯例，大宋朝廷要派一名官员与使者入朝。但朝中大臣都认为自己的辞令比不上徐铉，谁都不敢前往。

宋太祖得知后，做了一个大大出乎众人意料的决定：

他命人写了十个不识字的侍卫名字给他，之后用笔随便圈了个名字，说：

“这人可以。”

在场的大臣都很吃惊，但谁都不敢提出异议，只好让这个还不明白是怎么回事的侍卫前去。

徐铉一见侍卫，便滔滔不绝地讲了起来，侍卫根本搭不上话，只好连连点头。

徐铉见来人只知点头，猜不出他到底有多大能耐，只好硬着头皮继续讲。

一连几天，侍卫还是不说话，徐铉也讲累了，于是也不再吭声。

这就是历史上有名的宋太祖以愚困智解难题的故事。

能收到柳暗花明、别开生面的效果，这是逆向思维法最有魅力的地方之一。

三、逆向运用，可以“化废为宝”

很多事实证明，有一些契机，不是从正面而是从反面出现的。

因此，即便出现与你原来所设想完全相反的情况，也不要忙着否定与放弃，而是想一想：

“是否有反向创造的价值？”

这正是“没有废品，只有放错了位置的资源”啊！

其实，这种“化废为宝”，也可运用到其他方面，就是将某一缺点和不利的东西，转化为有利的方面。

我们单位曾有一位总监，就善于运用此法。

当时他在单位的工作，主要是去联系培训客户，尤其是重点客户。

当时他对这个行业不是很熟悉，但他认识一个著名企业的老总。

问题是：这位老总以前给过他较大的帮助。他正想着如何报答，却还没有来得及报答。

现在又去找人帮忙，是不是太难为情了？他心中很纠结。

但经过仔细思考，他找到了很好的方式，就再去找那位老总，并对他说：

“谢谢您以前帮助我。我一直想着如何帮助您。但没有找到合适的机会。现在我终于找到了一个可以好好报答您的机会。”

接着，他就向老总介绍了我们的课程，让老总形成一个印象：

他们单位正在突破瓶颈，最需要的就是对管理者进行培训，而我们的课程，正好可以给他们很大的帮助。

老总爽快地答应安排培训。

老总对培训效果非常满意，不仅对这位总监十分感谢，而且出人意料地将课酬比原来约定的还增加了一些。

事后，这位总监总结说：

“在开始的时候，我思维的角度是向老总提出培训要求，是给他添麻烦。后来我倒过来想，我更要从对他们带来的好处来思考。

“本来是两个问题——还没有回报别人的问题，以及又麻烦别人的问题，经过这么一转变，就变成一个很好开口、实际也带来很好效果的做法了。”

改变一下思维的方向，效果就完全不一样！

四、正反索因，多有科学发现

这主要用于创造发明的场合。其主要的理论依据是：

很多事情都是互为因果的。

“电磁铁”发现后，引起了自学成才的英国青年法拉第的强烈兴趣。

通过反复试验，他想：既然通电可以产生磁铁，那么反过来，电磁铁能不能产生电呢？

他开始反复试验，在几年后，有一天，他把一块圆形磁石插入绕有铜丝圈的长筒里，创造了电流。

法拉第根据他的发现，制造了世界上第一部发电机。

这实际上是一种互为因果的反面求证法，对科学发现和发明，有着十分重要的意义。

以系统方法解决问题

系统方法，是最需要掌握的方法之一。

在考虑解决某一问题时，不是把它当作一个孤立、分割的问题来处理，而是当作一个有机关联的系统来处理。

要掌握和运用好系统方法，重点应该做到：

1. 从局部上升为整体，实现“1 +1 >2”。

2. 不是机械联系，而是有机联系。

3. 善于激活“隐系统”。

4. 巧妙制造“自解决系统”。

一、从局部上升为整体，实现“1 +1 >2”

假如你去应聘一家世界前 50 强知名企业，面试官给你这样一个问题：

你开着一辆车，在一个暴风雨的晚上，经过一个车站。

有三个人正在焦急地等公共汽车。

一个是生命垂危的老人，他需要马上去医院；

一个是医生，他曾救过你的命，你做梦都想报答他；

一个是女人，你做梦都想娶的人，也许错过就遗憾终生。

但你的车只能再坐下一个人，你会如何选择？

从道义上讲，老人快要死了，你理应要先救他。

从情感上讲，你一直想创造与梦中情人在一起的机会。错过了这个机会，你可能会抱憾一生。

从感恩心出发，你也想让那个医生上车，因为他救过你，你必须报答他。

有人说这是摩托罗拉的面试题之一，也有人说这是 IBM 的面试题之一。应聘者的回答多种多样，都是从自己的不同角度来谈有关选择。

那么，什么才是正确答案呢？

在回答这个问题之前，让我们温习一下历史上著名的“田忌赛马”的故事。

孙膑是战国时期的著名军事家。

齐国大臣田忌喜欢和公子王孙们打赌赛马，但总是输。

于是，孙膑对田忌说：“您只管下重注，我包您一定能赢。”

赛马时，孙膑让田忌用自己的上等马跟别人的中等马比赛，用中等马与别人的下等马比赛，再用下等马对付别人的上等马。

结果三场比赛，田忌胜了两场。

孙膑之所以能让田忌稳操胜券，在于他将整个赛马活动当成了一个系统来处理。

虽然以下等马和对方的上等马比，结局是非输不可，但是另外的两场比赛，却是每场都赢。

孙膑之所以成功，是因为他采用了系统思维的方式。

系统思维，是历史悠久而又最有创造性的思维方法之一。

系统思维的方法，是当代职场人士最需要掌握的方法之一。

那么，系统思维的特点是什么呢？包括以下三点：

第一，全面性：就是要考虑到问题的方方面面。

第二，有机性：系统各部分之间不是机械联系，而是有机联系，有时还会牵一发动全身，甚至一个小的环节都会影响最终的效果。

第三，最优化：收到最佳效果。

好了，现在我们可以披露前面那道应聘题的答案了。

我是在一次人力资源研讨会上第一次听到这道试题的。一家名企的人力资源总监给出的理想回答是：

“给医生车钥匙，让他带着老人去医院，而我则留下来陪我的梦中情人一起等公共汽车。”

我们不必纠结于是哪家知名企业出的面试题，甚至也不必纠结于是不是知名企业的面试题。我们只要回答一句：

这样的解决方式，是不是最好的方式呢？

我们再把这个方式与“田忌赛马”的故事比较一下，是不是可以看到两者都有系统思维“全面性、有机性、最优化”的特点？

关于系统论，有句很有名的阐述：“整体大于各部分的总和。”

与此同时，对于如何创造理想的系统，也有一个形象的表述：

“1 +1 >2。”

假如我们也能像孙膑和这位应聘成功者那样，从系统论的三个方面去思考和解决问题，也能创造“1 +1 >2”的奇迹。

要成为一个善于运用系统思维的人，就要从“最优化”的目标出现，从局部上升到整体去考虑问题的方方面面。这其中最大的挑战，就是从总体效果出发，舍弃某些东西。

在“田忌赛马”中，最关键的是要让下等马对付别人的上等马，这样一来，下等马虽处于“必输”的状态，但这场“必输”能换来另外两场“必赢”，在总体上就是胜利。

在应聘案例中，最重要的是想到要放弃手中已经拥有的车钥匙。

有舍才有得，局部的舍弃，恰恰是为了整体的更好效果。

二、不是机械联系，而是有机联系

这要求我们在考虑事物之间的联系时，要避免把这些联系看成机械联系，而要认识到它们是有机联系。

很多人在职场中会遇到这样的情况——

本来是好心办事，但没有料到：事情办成了，却出力不讨好，甚至你认为应该感谢你的人，偏偏还抱怨和责怪你。

为什么会这样？难道是别人的心肠太坏了吗？

未必如此。出现这种情况，很可能是由于你考虑问题只及一点、不及其余。

我曾在某企业做过一次有关执行力的培训，培训结束后，企业的宣传部部长向我诉苦，讲述了一件刚刚发生的让她“百思不得其解”的事情。

该企业的设计部最近开发了一种新产品。她觉得这种产品非常不错，于是写了篇介绍新产品的报道，登在当地的一家新闻媒体上。

这本来是一件很好的事情，不但宣传了企业，也宣传了设计部。但她没有想到：稿子发出来后，设计部的部长对她的意见很大，甚至见面都不愿和她说话了。

她不知道出了什么问题，请我帮她出主意。

我没有立即答复她，而是直接去找设计部的部长了解情况，很快就弄明白了问题出在哪里。

原来，设计部部长认为，宣传本来是件好事，但是，宣传部部长不应该没征求他们的意见就发稿，这样就带来了两点不好的效果：

第一，宣传部部长对新产品的了解并不到位，有些地方没有写好，内行人看了都觉得是笑话。他觉得这是丢了自己的脸。

第二，这个项目是设计部部长一手抓的，本想一成功，就亲自向领导汇报，并为此精心准备了一份报告。

但领导当时正在出差，等回来时，最先看到的是宣传部部长的报道，首先表扬的是宣传部部长。

他觉得这是在有意抢功，所以对此很有意见。

这样的想法大大出乎宣传部部长的意料，尤其是第二点，她大叫冤枉，说自己实在是被误会了。

因为那天自己正好在与平时交流多的一位媒体编辑联系，对方询问最近单位里有什么好的新闻，她便将这项新产品开发对社会的价值，对编辑讲了。

这位媒体编辑觉得这是个好新闻，正好有版面，就马上安排发表了。

一件本来认为会让设计部部长高兴的事情，结果反倒引起了对方的反感。这大大出乎她的意料。

但不管怎样，别人对她有意见是事实。

经过反思，她不得不承认自己有做得不到位的地方——

假如事先与设计部部长进行沟通，这样的事情就能避免。

这个故事，给我们的启示不只是要有沟通的艺术，还说明在单位里处理问题时，一定要明白：

一个单位就是一个系统。处理一个问题的过程，也是一个系统处理的过程。

在考虑解决某一问题时，不要采取孤立、片面、机械的方式，而是当作一个有机关联的系统来处理。

三、善于激活“隐系统”

很多时候，事物之间是存在很重要的系统关联的。但是，不少人看不到这一点。

而善于动脑筋的人，往往能将这“隐系统”激活，把点对点的关系变为系统关系，实现自己的目标。

办企业，缺少资金是经常碰到的事。

假如你开办的企业前景很好，但是突然缺少资金了，从银行借不到，从别的地方也难以筹集，这时候你会怎么办？

如果一时想不出更好的办法，那么，希望下面的这个故事，能够给你一些启示。

一次，“酒店大王”希尔顿在盖一座酒店时，突然出现资金困难的情况，工程无法继续下去。

在没有任何办法的情况下，他突然心生一计，找到那位卖地皮给自己的商人，告知其自己没钱盖房子了。

地产商漫不经心地说：

“那就停工吧，等有钱时再盖。”

希尔顿回答：

“这我知道。但是，假如老盖不下去，恐怕受损失的不只我一个，说不定你的损失比我的还大。”

地产商十分不解。希尔顿接着说：

“你知道，自从我买你的地皮盖房子以来，周围的地价已经涨了不少。如果我的房子停工不建，你的这些地皮的价格就会大受影响。

“如果有人宣传一下，说我这房子不往下盖，是因为地方不好，准备另迁新址，恐怕你的地皮更是卖不起价了。”

“那你要怎么办？”

“很简单，你将房子盖好再卖给我。我当然要给你钱，但不是现在给你，而是从营业后的利润中，分期返还。”

虽然地产商很不情愿，但仔细考虑后，觉得他说的在理，何况他对希尔顿的经营才能还是很佩服的，相信他早晚会还这笔钱，便答应了他的要求。

在很多人眼里，这本来是一件完全不可能做到的事：

自己买地皮建房，但是最后出钱建房的却不是自己，而是卖地皮给自己的地产商，而且“买”的时候还不给钱，而是从以后的营业利润中还。

但是希尔顿做到了。

为何他能够创造这种常人认为不可思议的奇迹呢？

关键在于他通过深度思考，认识到自己与对方并不只是一种简单的地皮买卖关系，而更是一个系统关系——

他们处在一损俱损、一荣俱荣的利益共同系统中。

他发现了这一点，并采取上述措施，等于把“隐系统”激活，让点对点的关系变为了系统关系，轻松收到了让人帮助自己的效果。

四、巧妙制造“自解决系统”

运用系统思维的最高境界，是制造“自解决系统”，即可以通过要素之间的强关联和作用，将问题自行解决。

下面请你做一个小小的思维练习：

某地由于一些工厂排放污水，很多河流污染严重。有关部门采取了不少措施，如罚款等，但还是解决不了问题。

请你开动脑筋想一想：怎样才能让工厂既能继续生产，又不至于污染河流？

著名思维学家爱德华·德·波诺对此提出的设想是：

可以立一项法律——

工厂的水源输入口，必须建立在它自身污水输出口的下游。

这看起来是个匪夷所思的想法，但它确实能有效地促使工厂进行自律：

假如自己排出的是污水，输入的也将是污水，这样一来，工厂能不采取措施净化输出污水吗？

这就是“自解决系统”的妙处。

以“W型思维法”解决问题

遇到困难与问题，应该百折不挠，不达目的誓不休。

但解决难题的过程，并不是任何时候都要一味地往前冲，撞了南墙也不懂得回头。

有时候，就得特别强调退。

必要的退，恰恰是为了更好地进。

能进，也能退，这才是一种完整的智慧。

“W型思维法”是一种“以退为进”的方法。

能进，也能退，这才是一种完整的智慧。

在“解决问题并不难——高效解决问题10种智慧”的课程中，我总结了一种“以退为进”的思维——“W型思维法”。

“W”的构架，最形象不过地说明了这种思维的特点。

中间的那一点，可以看成历尽艰辛之后才到的新起点，或者是通过努力可以实现的局部成功。

但是要到最右边的那一顶点，不可能平坦地移过去，恰恰相反，还得重新跌入低谷，再曲线上升。

一、先把“对”的一面让给对方

为了对W型智慧有深刻的体会，且看参加过培训的一个优秀学员的体会。

保险行业是一个非常有挑战性的行业。有些客户一听“保险”二字，首先就会有负面的想法，甚至避而不见。

胡小姐是某保险公司的寿险顾问，她却能把别人的这一负面印象去掉。她是怎样做到的呢？

有一次，一个朋友向胡小姐介绍了一个企业的老总，从基本情况来看，他是一个很好的推销对象，而且胡小姐的朋友也牵好了线，老总答应见她。

胡小姐兴冲冲地去了。没想到，一见面，这位老总立即就给了她一个下马威。说：

“你这么年轻、漂亮，又有高的学历。干什么不好？偏偏要去干保险？我就没有发现保险有什么好，我从来都不买保险。”

这盆凉水一泼下来，胡小姐的心立即凉了。她马上明白：

原来那位老总答应见自己，不是别的原因，仅仅是碍于朋友的面子。而他是一个绝对不想买保险的人！

受到这样的冷遇，应该打道回府吗？不。

她调整好自己的心情，满脸笑容地对老总说：“您说得太对了！说到我的心坎上去了！”

老总一愣：明明我不想买保险才这么说，怎么会说得太对了呢？

只听胡小姐说：

“您说得很对。我年轻、也不算难看，又有高的学历。怎么跑到保险这一行业了呢？我是朋友介绍到这个行业来的。做了一段时间，正在矛盾要不要继续做下去。

“既然您提到做保险不好。我还想请您帮助我总结一下：保险行业到底有什么不好？我好以此作为干不干这个行业的依据。”

紧接着，她就拿出一个本子来，开始记录。

一见她这样虔诚，老总就开始一一讲述保险行业不好的地方，一共讲了四条。

讲完四条之后，老总再也讲不出来了。他看到这么友好的一个女孩在自己面前，也不应该讲得太过分。

于是，就说了一句：

“当然，保险行业也不是什么都不好。它也有好的一面。”

胡小姐等的就是这句话，立即说：

“我知道您是学经济的。关于保险的好处，想必您也会总结得好的。”

于是，这位老总就开始总结起保险的好处来了，胡小姐又擅长引导，老总不知不觉就越谈越开心，总结保险的长处越来越多了。

当谈到一定程度的时候，胡小姐一笑，说：

“谢谢您的总结。您看，您现在总结保险的长处有五条，短处有四条。您看：我应不应该选择这个行业呢？”

老总一听，愣了，之后哈哈大笑。说：

“好吧，我本来对保险是有很大的抵触心理的，但经你这样一说，我就下决心投保了。你帮我做一个参谋吧：我应该做一个怎样的保险计划？”

于是，胡小姐签下了平生最大的一个保单。

胡小姐的经历充分说明了“W 型思维法”的魅力：

“与客人打交道。第一要点是永远不要与客户发生冲突，永远要先把‘对’的一面让给客户。

“同样的长处，假如由我来说，就只是推销。但假如由推销的对象来说，就成了自我认识和强化。起码比自己说要强 10 倍！这就是‘W 型思维法’的魅力。”

W 型思维法强调以退为进。必要的退，恰恰是为了更好地进！

它告诉了你一个影响他人的绝招：

永远不要因为别人的脸色改变你的态度，而要以你的态度改变别人的脸色。

二、再难也要退，另觅对策

像胡小姐的这种退，是不容易做到的。但生活中还会遇到更严重的情况。

有时候，我们还会遭遇那种“怎么也无法接受”的情况。

明明自己很有理，可是路就是不通。你有一千种理由为自己辩解，可是，别人就是不认账。

这时，该怎么办？

我们不妨来看看著名文学家莎士比亚的名篇《威尼斯商人》吧。

话说一位名叫安东尼奥的人，为了帮助朋友成婚，向高利贷者夏洛克借了一些钱。

夏洛克则向他提出一个苛刻的条件：

如果还不了钱，就要从他身上割一磅肉下来。

不料安东尼奥的船出事，真的无法按时还钱，于是，夏洛克便要从他身上割下一磅肉来。

安东尼奥与他的朋友们想尽一切办法，想征得夏洛克的同情与谅解，但夏洛克绝不答应。

在相当长的时期内，安东尼奥和他的朋友们想了多种方案，但无论怎样，都不奏效。

但问题最后解决了，并且解决得十分精彩。

鲍西亚小姐——安东尼奥所帮助的那位朋友的妻子，突发奇想：

为何不可以接受夏洛克的这一苛刻条件，而反制夏洛克呢？

于是，她在法庭上与夏洛克对质，同意由于安东尼奥没有还钱，夏洛克可以从他身上割下一磅肉来。

但是，有一个条件：夏洛克不能多割一点，也不能少割一点，而且不能带一点血。

夏洛克没有办法，只能认输。

鲍西亚小姐解决问题的方法，更是W型思维法的高度体现。

如果按一般思维，只能是直接影响夏洛克，取得其宽容与谅解，或者想一些点子。但这些都无法实现。

而W型思维法，是首先接受他不合情理的条件。

做到这一点是最不容易的。

但有意思的是：

当你接受条件之后，可以分析这一条件本身，就潜藏着能战胜对手的最好办法。

要割一磅肉，没问题。但是你只能割一磅肉，除非你是神仙，否则，你能做到吗？

现在，你应该能感受到W型思维法的最大妙处了：

首先接受那种“怎么也无法接受”的情况，然后再去寻找制约对手、解决问题的方法。

三、退一步者，常进百步

不管是创业、经营、管理，还是人生发展，“W型思维法”都是一种极为有效的思维方法。

之所以有效，其中一个原因是，它能针对人性的弱点进行挑战。

而一旦挑战成功，往往会惊喜连连，甚至绝处逢生。

谈到中国电影市场，吴京导演的《战狼》《战狼2》，无疑是很有影响力的电影，尤其是《战狼2》的票房近60亿元，是票房最大的电影之一。

参演的女主角也因此成为热门的电影演员，并带来一系列的收益。

但是，最初吴京邀请出演女主角的演员，却是另外一位。

没有想到的是：她竟然因小失大，放弃了这一机会。

那是一位出道并不久的演员，吴京很看好她，想给她机会。没有料到，她嫌片酬太低，没有答应。

后来，《战狼》《战狼2》大火，她也后悔莫及，并在社交平台上承认，当初自己拒绝了吴京的邀请。

后来，当有人向吴京再问到这位演员的时候，吴京直接表示：

"我和她不熟。"

实际上，如果从人性的角度讲，觉得报酬没有达到理想价位，拒绝合作，也无可厚非。

但是，从对机会的把握上来看，这样去做，自然就是一件很缺乏眼光和智慧的事情了。

这，就是屈服于人性的弱点的代价。

与此形成鲜明对比的是，另一位演员李连杰的做法。

当年，李连杰凭着主演《少林寺》一炮打响，之后，又主演了不少好电影，在华人圈里红透半边天。

后来，他去美国好莱坞发展。

照理说，对这位武功好、演技好，又在华人圈有影响力的演员，好莱坞影视圈应该高度重视和重用。

但实际上，好莱坞影视圈不仅对他知之甚少，而且对华人有所歧视，所以有一段时间，根本没有哪家电影公司会用他。

终于有一天，一家影视公司考虑可以让他出演某电影中的一个角色。但片酬很低，只有 100 万美元，而且是演一个反派角色。

李连杰犹豫不决，说自己要经过慎重考虑之后才能答复。

但是，等他答应出演时，对方却改口了，片酬降为 75 万美元。

这一条件让李连杰难以接受。作为最受欢迎的“功夫皇帝”，他在华人圈中出演每部电影的报酬，都远远高于这个数。

但他还是不想放过这个让好莱坞影视圈认识自己的机会。他考虑再三，还是决定出演。

没想到对方再一次“落井下石”：

“片酬改为 50 万美元，不演拉倒。”

50 万美元，还包括律师、经纪人、宣传公司等各项费用，再扣完税，几乎所剩无几了。

李连杰几次想放弃，但最终他说服自己，痛快地答应道：“我演。”

就这样，李连杰拍了他的第一部好莱坞影片《致命武器 4》，虽然片中巨星云集，但在影片首映当晚，李连杰就获得观众的高度评价，成为演员排行榜中的亚军。

实力是最好的通行证。

很快，电影公司的老板就亲自上门，毕恭毕敬地说：

“公司的下一部片子想请您演主角，如何？”

他的待遇很快提高。

当他演到第四部好莱坞影片时，片酬就开到了 1700 万美元。

李连杰因此成功地敲开了好莱坞影视圈的大门。

布袋和尚有一首著名的禅诗：

“手把青秧插满田，低头便见水中天；六根清净方为道，退步原来是向前。”

“退步原来是向前”，这是一句何等充满哲理的话！

优秀的人，往往有着超乎常人的思维，也往往会向人性的弱点进行挑战。

他们不会意气用事，而是会志气用事。

他们固然会算账，但这份账，往往是对机会的重视，超过对金钱本身的重视。

体现在思维上，他们也是拥有 W 型思维的人。

因为他们懂得以退为进的价值。

退一步者，常进百步！

以建设性思维解决两难问题

“当两条路摆在你面前时，学会选择第三条。”

“非此即彼”的选择，未必是最好的选择。对第三条道路的选择，可能是最好的选择。

让自己从“非此即彼”的思维圈套中跳出来，追求“两全其美”。

超越“侵取”与“屈从”，重视“双赢”。

在你的工作和生活中，是否会遇到下面这种状况？

摆在面前的只有两条路：要么这样做，要么那样做。

但是，不管你选择哪一条，都会有不好的后果和影响。

这实际上是出现了“两难”的局面。

两难问题是所有问题中，受限制最大、最难解决的问题。因为无论选择哪一种，都有利有弊，处于进退维谷的困境。这该怎么办呢？

这时候，就该使用建设性思维了。

一、去掉“非此即彼”，学会“亦此亦彼”

犹太人有一句名言：

“当两条路摆在你面前时，学会选择第三条。”

“非此即彼”的选择，未必是最好的选择。对第三条道路的选择，可能是最好的选择。

我们来看知名歌手周杰伦在刚参加工作时，是如何处理两难问题的。

那时他在饭店打工。每天坐在钢琴前弹奏。

经常有客人要求点歌。

一次，餐厅里有位客人过生日，希望周杰伦弹奏一曲轻快的音乐。

可偏偏另一位老板喝多了酒，甩出钞票，非要听摇滚音乐。

为此，两个人都在周杰伦面前放下钱，都要他演奏自己喜欢的曲子。双方谁也不肯让步，差点大打出手。

就在这时，周杰伦灵机一动，说：

“你们都是这里的客人，这些钱我不能要。现在，我来演奏一首乐曲，你们猜，谁猜对了，谁就跟着我的伴奏唱。”

两位客人觉得这是一个不错的主意，便欣然同意了。

就这样，周杰伦先是弹了一首轻音乐，让过生日的客人猜中，之后又弹了一首怪异的交响乐，让喝醉酒的客人猜中。

几曲下来后，双方都十分满意，不但没有打架，反而相互对唱起来。

这样，餐厅的气氛缓和了下来。餐厅老板十分高兴，当即给周杰伦涨了工资。

周杰伦当时遭遇的处境，就是“非此即彼”的处境：

要么听这位客人的，要么听那位客人的。

答应了这位客人，那位客人不高兴。

答应了那位客人，这位客人不高兴。

但周杰伦却以创造性的方式，让两位客人都高兴。

这不就把“非此即彼”，变为“亦此亦彼”了吗？

也就是说，要跳出“非此即彼”的机械思维，寻找新的思路。

周杰伦正是找出了理想的“第三条道路”，结果让两难问题迎刃而解。

这种“亦此亦彼”的做法，效果当然更理想，更值得学习。

二、超越“侵取”与“屈从”，重视“双赢”

遇到问题时，人们通常有三种态度：侵取、屈从、双赢。

1. 侵取

侵取是一种主动对别人的攻击和侵略，给对方予以过分的攻击，超越了他应该承受的程度。

2. 屈从

屈从是一种对不合理的屈服。这样的方式，实际上是在逃避现实、牺牲自己的基本权益。其结局，一方面自我抑制导致了不健康心理与情感的产生；另一方面，又给别人提供了利用自己和要挟自己的机会。

3. 双赢

双赢超越两者之上。

一方面，要维护自己正当的权利与情感；另一方面，又尽可能不伤害对方的情感和正当权益，甚至还能想出“第三条道路”，使对方都很满意，以收到“双赢”的效果。

这个双赢法则十分重要，就是总要考虑到双方的利益，以及双方的情感。

比如说：如何向领导提出升职加薪的要求。

这是一个很重要又很敏感的问题。

有的时候，你不提，领导真的不主动给。

如果你直接很硬气地提，又怕引起领导的反感。

怎么办？

有个方法大家可以借鉴。佐佐木圭一写了一本书叫《所谓情商高，就是会说话》，其中一个方法叫作“让 No 更好变成 Yes 的三个步骤”。这三步怎么做？

第一步，不直接说出自己的想法。

第二步，揣摩对方的心理。

第三步，考虑符合对方利益的措施。

借鉴这个方法，我们也可以向领导提出一个比较好的升职加薪的要求。

不要直接说出自己的意图，但可以这样做：

“您是怎么去定义一个优秀的员工（或者一个优秀的管理者）的？”

“您晋升别人的时候，会考虑哪些标准？”

这叫抛石问路，让领导了解你的需求，但不唐突。

或者还可这么说：

“李总好！我很热爱我们这家公司，很想通过自己的努力，成为公司最需要的人，也求得自己的进步。为此，我在这些方面很努力(列出具体做了哪些有价值的事)。

“现在我想征求一下您的意见，看我是不是符合或者达到您心目中的要求，有没有升职加薪的可能？”

为了避免上级有误会，或者对你有不好的印象，在讲完上述话后，也可加上这么几句：

“不过我也没有别的意思。其实如果达不到的话，您也告诉我，我到底在哪些方面做得不够、需要改进？我好好地改，争取符合您的要求，好不好？”

如果这么去表达，一方面，很自然地提出了自己的要求，另一方面也让上级认为你并不是逼着他为你升职加薪。

这样说，是不是显得更科学也更有情商？

有一个很好的做法，叫作“以双赢的目的跟老板‘谈判’”，就是在表达自己意愿和意志的同时，一定要学会站在老板的立场来看，以老板更容易接受的方式去表达。

如果你能超越“侵取”与“屈从”，以“双赢”的方式去处理问题，那么，不管是面对上级、同事、合作者或者你的家人，都能收到更好的效果。

三、既要不伤面子，又要把事做成

一个有建设性思维的人，一定是懂得圆通艺术的人。

圆通绝对不是圆滑，两者最根本的区别是：

圆通是原则性与灵活性的统一。

而圆滑是没有原则，为了达到自己的目的不惜采用任何手段。

在职场中，我们常常会碰到一些进退两难的事情：

直接说，就会伤了别人的面子，带来不良的影响；不说吧，面子倒是保住了，工作却无法完成，甚至会造成不小的损失。

面对这样的难题，怎样才能处理得两全其美呢？

这时候，就要懂得圆通的艺术，既不伤面子，又把事情做成。

我们来看一个在我国 20 世纪 70 年代广为流传的故事吧：

某次，某外宾团访问中国，回国的前夕，我国政府为他们举办了一场盛大的宴会。宴会上，主人为了表示友好情谊，拿出了国内非常珍贵的九龙杯盛酒。

有个外宾非常喜欢这个杯子，于是在散席的时候，趁人不备将九龙杯用手帕包好，藏进手提包里。

外宾的这一举动被一位女招待发现了，她立即向上级汇报。

似乎一切都没有发生。宴会一完毕，车子就按原计划将外宾送到剧院，观看杂技表演。

节目非常精彩，最后一个节目，魔术师出场了。

只见他手中拿着三只九龙杯，进行表演。

大家都被表演吸引住了。

后来，魔术师做了一个动作。

奇怪，三只杯子都不见了。

这时，魔术师走到一位观众面前，说：

“请您摸摸您的衣兜。”

观众从自己的衣兜中找出了一只九龙杯，现场爆发出热烈的掌声。

第二只杯子在另外一位观众的身上找到了。

只剩最后一只杯子，魔术师走到那位外宾面前，说：

“还有一只在您的手提包里。”

众目睽睽之下，外宾只好拿出九龙杯。

不知底细的观众一齐鼓掌。那位外宾也只好竖起了大拇指。

这又是一个善于“选择第三条道路”的故事。

拿走九龙杯的外宾，因为身份特殊，使这个本来很简单的问题变得复杂起来。

一方面，我们不能直接向外宾索要九龙杯，否则会伤了彼此之间的和气。

另一方面，九龙杯是国宝，一定要拿回来。

在无法直接解决问题的情况下，只好采取用魔术节目的方式，使外宾不得不拿出真的九龙杯。

这样一来，既保住了外宾的面子，又顺利地拿回了九龙杯。

四、活用分合思维法

分合思维就是处理问题时有分有合。

在某些原则问题上绝不妥协，这是分。

同时，在具体操作中体现灵活性，这是合。

宋太祖赵匡胤，原来是周世宗柴荣的大将。

有一次，他想喝酒，就请掌管茶酒的官员曹彬给自己一些。

曹彬拒绝了，说："很抱歉，这是官酒，不能相赠。"

但随后又自己花钱买了酒送给赵匡胤喝。

太祖即皇帝位后，曾对群臣说："世宗的下属不欺瞒主人的，只曹彬一人而已。"

于是将曹彬当作心腹，委以重任。

公家的酒不能私给，这是分；但是，从情感上来讲，别人有求于自己，也是联络情感的机会。

于是，曹彬自己掏钱买酒给他喝，这是合。

这样就体现了建设性思维的"最大效益"原则。

以四两拨千斤的方式解决问题

在解决问题时，不要用“蛮力”，而要用“巧力”。

用巧力就会事半功倍，就会达到四两拨千斤的效果。

最有效的方法，往往是最简单的方法。所以，要善于将复杂的问题变简单，而不要将简单的问题弄复杂。

学会“点穴”：抓住最能打动人心的地方。

善于影响有影响力的人，就能以最合适的付出创造最大的影响力。

有一次，我应云南省职业经理人培训中心的邀请去开办讲座。

在此期间，我参观了昆明市有名的圆通寺，在那里看到一副对联：

“会道的，一缕藕丝牵大象；盲修者，千钧铁棒打苍蝇。”

我不由地赞不绝口，这其实就是一种“四两拨千斤”的智慧。

“四两拨千斤”是中国兵法中经典的智慧，简单说就是用最少的投入，获得最大的回报。这点也可以应用到生活的方方面面。

一、要事半功倍，不要事倍功半

我们经常在职场中看到这样两种人：

一种人，勤勤恳恳，每一件事都付出百分之百的努力，但收效甚微。

这是事倍功半的人。

另一种人，不管是难活还是难题，到了他手里，都能举重若轻，花的时间不多，精力耗费得也少，但完成的工作无论是效率还是质量，都是一流的。

这就是事半功倍的人。

毫无悬念，我们应该力争做第二种人。

“四两”到底如何才能拨动“千斤”？我们先来看一个名人的故事。

曾任我国外交部部长的李肇星一向以“言辞犀利”而著称。

在和网友的一次交流中，一位网友明显带着刁难说道：

“您确实非常优秀，但您的长相我不敢恭维。”

如果换了别人，面对这样的问题，可能会不知所措，感觉左右为难：

不理会吧，大家都看着呢；

为自己辩解吧，又太多余；

说他几句，又显得很没风度；

……

而李部长只用了简单幽默的一句话，就轻轻松松将所有问题都解决了：

“我妈妈可不这样认为……”

而这一句话，也成了当年网络上流传的经典，无数网友都记住了这个充满智慧的回答。

如何学会事半功倍，美国著名企业家艾柯卡的学习思维的体验，也许也能给我们启示。

艾柯卡坦陈自己之所以有那么大的发展，与他的父亲有很大关系。

他的父亲曾在镇上开了一家电影院，生意一直不错。

因为他总在不断推出“优惠”的手段来吸引观众，其中一条，就是每天提供几张免费票给老教师、退伍军人。

但有一天，该给优惠票的人都给完了，而票还剩几张，该怎么办呢？

他在门口愁眉苦脸地想，一抬眼正好看到几个孩子在门口玩耍，于是突然想出一个主意：

让几个脸上最脏的孩子免费看电影。

结果，这一故事立即传遍了小镇。这种人性化的服务，幽默的做法，迎来了更多人光顾电影院。

看看，这样的方式，是不是更加巧妙？是不是既不费劲又获得了更大的成效？

二、学会“点穴”：抓住最能打动人心的地方

人的心灵是十分奇妙的，如果抓住了最能触动它的地方，就会有如原子弹爆炸，产生惊人的效果。

孙中山为了推翻清朝统治，建立民主政府，到处奔走。

他在海外华侨中奔走，开始时影响较小。

但是，他紧紧扣住华侨的爱国心做文章。

他给很多华侨都讲述过这样一件事：

在南洋某国，华人的地位很低，晚上宵禁后，街上如果发现华人，就会被抓起来，但如果是其他国家的人，就没什么事。

于是，到了宵禁的时间，华人要么不能出门，要么只能找一个其他国籍的人陪伴自己一起出去。

即使是一个很有财富和名望的华人，有时为了能安全地在宵禁之

后赶路，也得请一个地位远不如他的人和他一起走。

这说明了什么？

是由于我们的国家、我们的民族不强大，所以才有这样的事！

那么，我们该怎么办呢？投身民主事业、建设新中华！

听到这样的事情，哪个海外华人能不受到震撼呢！

后来，海外各界华侨越来越支持他所发动的革命事业。

有著名人士讲过这样一句话：

一个现代人如果缺乏影响力，哪怕他再有本事，他的能力也要被糟蹋和浪费一半。而影响力的核心，就是“攻心之道”。

三、善于借力

有个观点特别好：

“努力不够，借力才行。”

我们可以向领导、老师、朋友、亲戚，以及有影响力的人、社会热点事件等借力。

更有意思的是，出现过的问题也可借，甚至可“借”出非同寻常的效果来。

我曾为“中国鞋王”奥康集团做培训，并与其创始人王振滔深入交流，之后合作写作《商海王道》一书。

书中记录了一次奥康集团十分精彩的“借力”经历：

曾有一段时间，温州的假冒鞋行销全国，人人喊打。

后来，一场围剿“温州鞋”的暴风骤雨席卷全国。南京、上海、湖北等地查抄的假冒伪劣温州鞋堆积成山。

为此，有关部门在杭州武林门广场上燃起了一把火，集中烧掉了5000多双温州鞋……

温州鞋成了人见人躲的“瘟鞋”。

那时，谁都觉得温州鞋不行了。但王振滔却逆流而上，他发誓要为温州皮鞋雪耻，并创办了奥康集团的前身奥林鞋厂。

他把提高质量放到第一位置来经营，产品越销越好。

后来。经过 10 年的发展，奥康集团被评为“中国真皮鞋王”，具有了一定的规模和实力。

这时，王振滔面临两大问题：

第一个问题：怎样才能让奥康集团一炮打响？让全国人民都知道呢？

第二个问题：如何打假，维护奥康集团的合法权益？

当时，全国各地出现了很多假冒的奥康鞋。

为此，奥康集团组织了大量的人力、物力，联合有关部门，对几个重点省份开展了一次全面的打假，没收了 2000 多双假冒奥康鞋。

该怎么应对这两个问题呢？

王振滔想出了一个绝招：将解决两个问题放到一起来做，并让其产生超凡的效果。

借用 10 多年前那件烧温州假鞋的故事背景，策划一场大的活动：

面对堆得像小山一样的鞋子，王振滔并没有像很多企业一样，“无声无息”地销毁了事，而是冒出一个大胆的想法：

10 年前，一把火烧臭了温州鞋的名声，那么 10 年后，为什么不再烧一把火，重新树立温州鞋的形象呢？

这难道不是为温州鞋雪耻的最好时机吗？

这样一来，不仅能为温州鞋正名，而且能警示那些假冒自己的厂家，还会让更多人知道奥康品牌。

于是，经过精心策划和准备，同样在杭州，奥康集团又燃起了一把火，将2000多双仿冒的奥康鞋付之一炬。

大火噼里啪啦地愈燃愈烈，2000多双仿冒皮鞋很快化为乌有。

这火是胜利的呼唤，是惊天动地的宣言书！

和王振滔一起亲手点燃这把火的，除了温州市的一位副市长，还有一位有关部门的科长。

12年前武林门燃起的那把火，就是由这位科长点燃的。

看着熊熊燃烧的大火，他无限感慨又非常幽默地说了一句话：

“12年前，我烧的是温州假冒鞋，12年后，我烧的是假冒温州鞋，一切都在变，唯一不变的是我的职位，12年前我是科长，12年后我还是科长。”

这第二把火，也点燃了媒体的极度“热情”，当时，300多家媒体对此进行了采访。

随后的几天，有关奥康集团烧第二把火的报道铺天盖地，“奥康集团点燃第二把火为温州鞋雪耻”“十年前烧温州假冒鞋，十年后烧假冒温州鞋”……

一时间，全国人民都知道了奥康这个品牌。

并且，由于这一事件和此后一系列的经典策划，王振滔荣获了“中国十大策划风云人物”的称号。

这样的“借力”是不是很出色，是不是值得大家好好借鉴和学习呢？

当你在努力的基础上还会借力，就能如虎添翼。

将问题巧妙转换

有时候我们碰到问题，通过直接的方法是难以解决的。

但是，如果通过转换，将原本很难的问题变为另外一个容易解决的问题，效果可能会截然不同。

有时候，我们碰到的问题，通过直接的方式去解决，可能难度很大，甚至根本解决不了。

但是，假如将问题转换一下，将一个看似难的问题，通过材料、关系、方式、焦点方面的转换，转换为另一个好解决的问题，效果就会截然不同。

问题转换是一种曲线解决问题的方式，它的公式可以表述为：

A 问题实际上就是 B 问题；

A 关系实际上就是 B 关系；

要解决 A 问题，就是要解决 B 问题；

……

将问题进行转换，主要包括：

问题主体的转换：将这个人的问题，转换为另外一个人的问题。

问题类型的转换：将本来为这一类型的问题，转换为另一类型的问题。

问题层次的转换：将这一层次的问题，转移为上一层次或下一层次的问题。

问题情境的转换：将 A 情境中无法解决的问题转换到 B 情境中去。

问题对象的转换：如将自己的问题转换成别人的问题。

问题焦点的转换：将原来关注的焦点，转换为原来不关注的另一焦点。

问题方向的转换：即本来是这个方向的问题，转换为另一方向甚至完全相反的方向。

现在，我们重点介绍 3 种转换：

一、问题主体的转换

一次，一家建筑设计院为某单位设计了几栋办公楼。

办公楼盖好并投入使用后，该单位突然提出：

各楼之间的员工交往频繁。如果走的路线不科学，就会耽误时间，因此希望设计院在各楼之间，设计出最科学、最省时间的人行道。

设计师们设计出了一个又一个方案，但都被一一被否定了。

就在大家一筹莫展的时候，一位设计师突然提出：

现在不正是春天吗？我们不如在楼群之间的主要路线上种点草。

人们走得最多的路线，肯定是最便捷的路线。

这样一来，就会在草地上留下最深、最明显的痕迹。

而根据这些痕迹设计出来的路线，就是最科学、最省时的路线。

这个方案立即被采用，建筑设计院根据这些痕迹设计铺设的人行道，果然很受欢迎。

这是一个将问题主体进行转换的典型。

本来是设计师的问题，却变成了行人的问题。

二、问题对象的转换

将问题对象进行变化：本来是这一种对象，转变为另一种对象。

上述故事，其实也包含着问题对象的变化：把本来是一个设计师“用脑”设计的问题，最后变成了行人“用脚”设计的问题。

我曾经和很多营销高手有过深入探讨，他们经常谈到这样一个观点：

营销最应该做的事情，是学会把“！”变为“？”，即不要强力推销，而要更多地问清和满足别人的需求，这是一门大功课，也蕴藏着大智慧。

其中的关键在于：不是自己下决心，而是让我们要影响的人自己下决心。

让对方下决心的方法有很多，比如，我们可以让推销对象，变为帮自己出主意的老师。

有一位汽车推销员，就是通过这种方法做成了生意。

一对夫妇到他的商店，希望购买一辆旧车，但他们来了好几次，看了又看，都不满意，迟迟下不了决心。

根据仔细观察，推销员发现这对夫妇自尊心很强，而且也爱挑剔。他想：

如果照现在这种推销法，是无法让他们感到满意的。

于是，他改变了推销方式，不但对他们的挑剔一点也不抱怨，反倒夸奖他们很有眼光。

即使这对夫妇没有购买，他每次还是十分热情地送他们出门，并恳切地表示以后还要向他们请教。

几天后，“请教”的机会来了。一位顾客到商店里想卖掉自己的旧车，经过讨价还价，最后以 500 美元的低价成交。

之后，他打电话给那对夫妇，说有人向他推销一部旧车，但他拿不太准，所以想请他们夫妇过来指教。

在热情的邀请下，那对夫妇很高兴，很快就过来了。推销员带他们仔细看了这辆车，然后说：

“经过几次接触，我越来越敬佩你们。你们都是通晓汽车的人。这辆车，麻烦你们看一看，它到底能值多少钱？”

受到这样的尊敬，这对夫妇既吃惊又感动，对这辆车又摸又看，最后说：

“我们认为，如果车主愿意以 800 美元卖掉，您就立即买下来吧。”

推销员对他们的建议再次感谢，然后提出：

“假如我花这么多钱把车买下，您想再从我这里买走吗？”

“很愿意啊！”当妻子的立即说。不过她立即又开始犹犹豫豫，说：

“你先买下的话，不要加价吗？”

“没关系，这点您不用担心，既然是你们看准的，就照 800 美元给您吧！”

那对夫妇高高兴兴地从他手上将这辆车买走了，双方皆大欢喜。

这位推销员确实是一个转换问题的高手。

三、问题方向的转换

即本来是这个方向的问题，转换为另一方向甚至完全相反的方向。

我的朋友 Emily 小姐，以优异的成绩毕业于哈佛商学院，后来又在全球著名的咨询顾问公司波士顿咨询集团（BCG）工作多年。后来，她写了一本名为《哈佛 MBA 没啥了不起》的书。

她在这本书中讲了一个十分精彩的故事：

美国总统罗斯福再次参加竞选时，竞选办公室为他制作了一本宣传册。在这本册子里有罗斯福总统的相片和一些竞选信息。成千上万本宣传册被印刷出来。

但就在要分发这些宣传册的前几天，竞选办公室突然发现了一个问题：

册子中的一张照片的版权不属于他们，他们无权使用。

因为照片的版权为某家照相馆所有。

竞选办公室十分恐慌，因为他们已经没有时间再重新进行印刷了。

但如果就这样分发出去，那家照相馆很可能会因此索要一笔数额巨大的版权费。

很多人遇到这样的问题，可能会采取如下的处理方式：

派一个代表去和照相馆谈判，尽快争取到一个较低的价格。

但竞选办公室选择的却是另一种方式。

他们通知该照相馆：竞选办公室将在他们制作的宣传册中放上一幅罗斯福总统的照片。贵照相馆的一张照片也在备选的照片之列。

由于有好几家照相馆都在候选名单中，竞选办公室决定将这次宣传机会进行拍卖，出价最高的照相馆将会得到这次机会。

如果贵馆感兴趣的话，可以在收到信后的两天内将投标寄回，否则将丧失竞价的权利。

结果，竞选办公室在两天内就接到了该照相馆的投标和支票。结果竞选办公室不仅摆脱了可能侵权的不利地位，还因此获得了一笔收入。

一个本来有可能会向对方付费的问题，通过这一转换，变为了对方向己方付费的问题！

这样一来，通过问题方向的转换，不仅难解决的问题迎刃而解，而且还把问题变成了机会！

掌握“找方法的方法”，从此越来越聪明

要变为聪明人，或让自己越来越聪明，有一个很好的练习技巧，就是掌握“找方法的方法”。

包括如下三点：

第一，“总有更多的方法”：不满足于一种思路，要打开更多的思路。

第二，“总有更好的方法”：将思维进行不断优化。

第三，“总有最好的方法”：将各种思维方式进行评判，找到最佳解决方案。

方法的总结可以无穷无尽，即使总结再多也不够。所以，我们还要掌握“找方法的方法”。

那什么是“找方法的方法”呢？下列三点，可以在一定程度上起到这个作用：

一、总有更多的方法

就是要突破思维惯性，想出更多的思路。

很多时候，我们之所以会对问题产生恐惧、畏难等情绪，是因为我们的思维没有打开，总觉得要解决问题，只能朝一个方向去努力。

实际上，解决问题的方法往往不止一种。

这种方式不行，还有另外的方式，总会有更多的办法。

我还在中国青年报工作时，一位老记者的采访经历，给我留下了深刻的印象。

一次，报社分配给这位老记者一个任务：采访一位有名的将军，并希望拿到独家新闻。

可老记者通过各种渠道和方法，都无法联系到那位将军。

当时时间非常紧迫，如果不能完成对将军的采访，那么意味着整个报道都要放弃。

就在这时候，老记者突然得到一个消息：将军将在下午出席一个会议，而这场会议允许一些记者参加。

抱着一线希望，老记者来到了会场，但他很快就发现，要完成这次采访几乎不可能。

一是将军一直坐在台上，根本没有机会和他说话；二是据说会议结束后将军就会直接离开会场，不会接受记者的采访。

看来要完成采访是不可能的，但老记者不甘心就这么放弃。

通过观察，他发现了一个细节，将军不停地在喝水。这让他灵机一动，有了主意：

既然将军喝了很多水，那么中途一定会上厕所，这样我就有机会了！

于是，等到将军一起身，老记者马上跟了出去。

利用在厕所短短的几分钟，老记者对将军进行了采访，出色地完成了任务。

一个优秀的人，不会因为问题的出现而停滞不前，而是不断地问自己：

还有没有别的办法？

思路打开了，新的方法出现了，当初看来很难的问题，就会迎刃而解了。

为了收到拓宽思路的效果，我经常要求学员遇到问题，起码找到三种方法。

为什么呢？

因为，假如只有一种方法，往往没有选择余地。

假如只有两种方法，常常进退维谷。

必须有三种方法，才有基本的选择余地。

中国传统文化中有一句话：

“一生二，二生三。三生万物。”

有三种方案，基本就可以挑选了。

有了三种方案，思路就基本可以打开。再努力一下，或许就能产生“三生万物”的效果了。

二、总有更好的方法

在研究和学习思维方式时，有一种方法，我觉得是格外值得向大家推荐的。

这是我在一次采访中得到的重要收获。

多年以前，我是中国青年报报社的记者。为了了解先进的教育概念并研究先进的思维训练方式，曾经到澳门的教育部门进行采访。

我们发现当地学生从初中一年级开始，就需学习一门“公民教育课”。其教育理念是“培养未来社会合格的公民”。

这让我既震惊又兴奋：这不正是当下教育界提倡的“教育要面向未来，面向社会”吗？

而更让我大开眼界的，是公民教育课的教材及教育方式。

比如，其中有这样一节课——“命运抉择在我”。

让孩子进入一个情境中，让其思考并做选择：

当你去你的好朋友家里玩，他突然要你和他一起吸毒，你怎么办：

A. 拒绝吸毒，然后从此不和这个同学来往。

这样做的结果是什么？

B. 跟着同学一起吸毒。

这样做的结果是什么？

一般来说，有这样两个对比的选项就不错了，但更有意思的是，还有第三个选项——

C. 还有没有更好的选择？

这样做的结果是什么？

在课堂上，孩子们十分热烈地进行讨论。最后得出了合理的结论，并且想出了不少“更好的方法”。

这样的教育理念让人耳目一新。

在我们的印象中，如果是带教育性质的课程，一般要先讲清这是一个什么概念，以及再三强调这样做的重要性。

换句话来说，总是要先讲知识与道理。

但是，澳门学校开设的这堂课，一点也没有这些东西。而是设计一个很可能发生在学生身边的情境，让学生直接进行思考：

怎样的方式会有怎样的结果？

为了最好的结果，能否想出更好的方法？

这种让孩子学会思考、学会选择的方式，让我十分振奋，不由地对同去采访的同事、现为中国青年报报社党委书记的张坤说：

“这样的教学方法，比起那种只知道灌输和强迫的教育方式，不知道要强多少倍！”

后来，我在教育儿子的过程中，也常常用这样的方法去引导他。

这种引导包括两方面：

一方面，让他时刻牢记：

“选择决定命运，有时选择比努力更重要。”

另一方面，培养他进行多方面的思考，为最好的结果思考并选择更多更好的方法。

后来，竟然发生了一件让我想都不敢想的事情：

他遭遇了绑架，但他用学过的思维方法及时逃脱了。

一次，他在周五放学后去商场买东西，不小心被一个人骗到了一个小巷里。牧天进巷子后发现人越来越少，到后来一个人也没有了。

他突然感到有点不对劲，正想与那个人拉开距离时，那个人拿着一把匕首对着他的腰部，恶狠狠地说：

“老实一点跟我走，不然有你好看！”

一个 10 多岁的学生哪能想到会遇到这种状况。他很害怕。但在他最慌张的时候，他想起了一直在练习的思维方式。

他通过思考如下不同的方案，来做最好的选择：

第一种方案，硬拼。

结果：打不过。

第二种方案，大声呼救。

结果：周围没有人，没有效果，说不定挨一刀。

第三种方案，跟他走下去。

结果：后果不堪设想。

还有没有更好的方法？

一边稳住歹徒，一边想办法逃脱。

结果：让自己不容易受到伤害，最终想出方法来机智逃脱。

接着，他如何做呢？

他一方面装着很配合的样子，让绑架者把刀拿开，另一方面不停地想办法。

当走出小巷的那一瞬间，他找到了方法：

有一家饭馆，里面有不少人在吃饭。正好有服务员端着菜从门口经过。

于是，在靠近饭店的一刹那，牧天猛地一弯腰，箭一样冲进饭店。

他没有喊救命，而是把一个服务员手中端的两盆菜打到地上。

服务员一声尖叫，所有人的眼神刷的一下扫了过来。

他还嫌动静不够，干脆把桌上的两摞碗，都打在地上。

如果说前面打掉服务员手中的菜是不小心，那么掀翻两摞碗碟就是有意来捣乱了。

既然是捣乱，饭店工作人员能放过他吗？他们立即将这个“破坏分子”围住并抓到经理室。

借此机会，他得以逃脱绑架者的魔爪。后来，他向经理做了解释，赔偿了打破碗碟造成的损失，并报了案。警察不断夸赞他以很机智的方式战胜了坏蛋。

这个故事还有下文：

我儿子后来将这一经历写在他的《管好自己就能飞》一书中。

衡水市信都中学是一所有着近 3 万名学生的学校，不少学生都阅读了这本书，其中一个学生看完后向他的爸爸妈妈分享了这个故事。

没有料到，他爸爸几天后也遭遇绑架。他开始时也很惊慌，但后来回想起我儿子战胜歹徒的思路，也采取同样的思路战胜了歹徒。

之后，中国新闻社还以《世界读书日活新闻：读一本书，救爸爸一命》为标题，报道了这件事。

遇到问题，不断以“这样做的结果是什么”逼迫自己思考，并常常问“还有没有更多的方法”，的确是一种格外有效的方法。

这一方法，无论对孩子还是大人，不管对管理者还是职场白领，都有很好的训练价值。

三、总有最好的方法

对于管理者和职场人士而言，能用“更好的方法”去解决问题，不仅是一种负责任的工作态度，也是一种让自己的思维得到极大锻炼的方法。

然而，最好的境界，是在优选各种方案的基础上，找到“最好的办法”。

得到 CEO 脱不花所著《沟通的方法》，不仅是一本有关提高沟通技巧的书，也是一本能够通过不断优化解决问题方案、帮助大家提高思维水平的书。

这本书有一个很鲜明的特点：针对一个问题，常常提供几种不同的方法，并对各种方法的不同结果进行分析，从而帮助我们打开思路，最后能选择最好的方法。

如何与上级进行有效的沟通，无疑是让职场人士深感重要又常觉太难的问题之一。且看《沟通的方法》一书中所展示的两个典型场景，以及脱不花对有关方式的分析：

如何当众回答棘手问题：

单位开大会，领导在会议上强调，为了突击达成有关重要工作目标，这段时期内干部在双休日要来加班。偏偏这个周末，你女朋友的妈妈要从外地来，你必须去接机，为此你面露难色。领导看到了，问有什么难处。你该怎么办？

摆在面前的有几种方式：

第一种方式，直言相告："我丈母娘要来，我得去接机，所以周末加不了班。"这种方式，很可能让领导发怒，因为容易让他觉得你把个人利益放到公司利益之上，并与他对着来。

第二种方式，委婉表示："领导，实在不好意思，周末我已经有安排了。我马上要结婚，周末丈母娘过来，我得去接机。我这周末请个假，您看行吗？"这种方式，虽然柔和，但领导可能也不高兴，因为他要给团队打气，希望得到大家的积极响应，你却当众发出不和谐音，打乱了他的工作部署。

第三种方式，若无其事地说："小事，不耽误大家，会后我跟您说。"在会后，你向领导如实告知情况，向他请假，并表态说"后面的加班，我都没问题"。一般情况下，领导都会通情达理，批准你的请假要求。

为什么面对同样的问题，前面两种方式不好，而第三种方式理想呢？因为，这里使用的是"换场合大法"。在公开场合，领导代表了公司，要维护规章制度的严肃性。如果他答应了你，就不好再去要求其他人。但在私下场合，他更能理解你的难处，让你请假，也不怎么担心有不好的连锁反应。

这和我们平时强调上级对下级要"扬善于公堂，归过于私室"，讲的是同一个道理：在私下场合，更能保留面子，也更容易把事情办成。

再看"如何约到大领导"：

假设一位部门总监，想邀请大领导出席部门的年度收官会议，有这样几种方式：

第一种："领导，不好意思打扰下您，您周二下午有空吗？"

领导往往是大忙人，这样的问话，可能让领导有时间被“掠走”的隐忧，所以大概率会被拒绝。

第二种：“领导，为了庆祝我们部门提前完成年底所有的任务指标，想邀请您参加我们部门的收官会议，给一部分同事颁奖，您周二下午有时间吗？”

这样问会好一些，因为提出了明确的沟通目标，理由也过得去，但领导也不一定接受。因为这样的会议更像是一次团建，邀请领导参加，就是请他花时间为你站台。他来或不来，还得再考虑考虑。

第三种，将沟通话术再升级一下：“领导，我们想开一个收官会议。一方面是为了庆祝提前完成年底全部指标，另一方面也是为了激励大家保持斗志，争取明年业绩翻番。所以想请您来帮我们把握下方向。当然，我也知道能忙，我已经把发言稿的大纲给您起草好了……大概 10 分钟就可以。我们不多耽误您的时间。”

这样去约领导，领导很可能就答应了。

为什么最后一种方法最有效果？脱不花这样分析：

“这样沟通，实际上就是在把我的目标‘请您帮我来站台’，转变为我们共同的目标‘明年业绩翻番’。并且，我为此规划好了方案，把所有的障碍都扫清了。你说，领导还有什么理由不投资这 10 分钟？”

从脱不花对上述情境和有关方式的分析，我们不仅可以学到好的沟通技巧，更重要的是，通过这样的“思路分享”，能让大家培养一种重要的“结果导向”，并能优中选优，找到最理想的方法。

遇到事情，有的人只是凭习惯的反应模式去解决问题，有的则不满足，会问一下“有没有更好的办法”，而最出色的大脑，一定会在“结果导向”的引导下，不断逼迫自己想出最好的方法或方案。

我们来回顾一下，所谓“找方法的方法”，其实就是三句话：

“总有更多的方法”；

“总有更好的方法”；

“总有最好的方法”。

只要我们经常以这三种方式来训练自己的思维，就能让思维能力不断上台阶，就能越来越聪明，并能更加有效地解决问题。

要大智慧　不要小聪明

有的人自认为聪明，结果往往“聪明反被聪明误”，轻则丧失机会，重则造成无法估量的损失。

因为他们所谓的聪明，往往是打败自己的武器！

是否把握得失的辩证法，是有大智慧还是只有小聪明的重要区别。

吃亏是福。

巧诈不如拙诚。

要解决问题，固然需要聪明，但更需要的是大智慧。

有些人表面看起来很聪明，却反倒容易失去机会。

而有些人看起来很“傻”的人，偏偏拥有人生最大的智慧，创造出很大的成功。

一、掌握“得失辩证法”

前不久，我做了一场“用智慧统率知识——21 世纪的智慧之路”的讲座。

之后，在互动环节，大家热情讨论。

儿童文学作家余娟分享了一个她爸爸余海波先生的故事。

那时，余海波作为援外人士，和一帮人一起出国。

飞机刚在国外机场降落，有一位同事想跟家里人联系，却发现自己的手机没电了。

他有急事要与家里交流，只好向另外一位同事借手机一用。

不料，那个同事却不肯借用，找理由说：自己手机的电也不足，你到酒店就可以充电了。

其实也难怪，因为当时国际漫游费的确很贵。他怕借手机的人用掉自己的电话费。

这时，余海波很主动地走过去。

他把手机塞到那个想借手机的同事手中，说：

“用我的吧。我充满电了，手机费也充得很足。看得出来你有急事。你只管用，打多久都没有关系！”

那位同事借余海波的手机打了电话。

之后，他们也成了好朋友。

更没有料到的是：这一幕，落到带队的领导眼中，他看出余海波是一个很负责、很愿意为别人付出的人。

于是，在援外过程中，他安排余海波作为有关岗位的负责人，不少事情由他处理。

就这样，余海波在国外不断得到更好的机会。

这个故事，引发了大家对“小聪明”与“大智慧”的进一步讨论：

在生活中，的确有一些人是聪明的，但这聪明往往体现在总为自己打算，账算得很细很精。

实际上，这往往是小聪明。

与此相反，也有些人看起来傻，总是做一些看起来吃亏的事。

但是，这份吃亏，往往会赢得人心与机会。

事后验证，这恰恰是大的智慧。

谁都希望以最小的投入得到最大回报。但是，有付出才有回报，能舍才能得。斤斤计较的人，不可能获得大的发展。

二、不要“聪明反被聪明误”

有些人自认为聪明，结果往往“聪明反被聪明误”，轻则丧失机会，重则造成无法估量的损失。

曾经有一个很优秀的年轻人到微软去应聘，他刚刚与时任微软副总裁的李开复一见面，就说：

“我到这里来还给你带了个见面礼。”

“哦？什么好东西啊？”

“是我在以前公司开发的一个新软件。”

结果，就是因为这句话，李开复就决定不聘用他。

你知道原因是什么吗？

年轻人以为送他在以前工作岗位上开发的软件作为见面礼，李开复会聘用他。

他却没有想到，别人不仅不可能聘用他，反倒会对他有防备之心。

今天他可以为个人利益出卖以前的公司，以后他会不会也带走微软的东西？这样的人，怎么可以录用？

小米的雷军，也拒绝了一个看起来十分牛的人。

从简历上看，这位“牛人”在短短4年的，将一年900万美元的生意干到了2亿美元。

这个人自我感觉很好，大谈特谈自己的能力：他能把稻草卖成金条，为此他洋洋得意，雷军也承认他很了不起，但同时对他予以拒绝。

为什么要拒绝呢？雷军说：

创办小米，我不想做一个坑人的人，我们不做坑爹的事。我们不需要、我也不喜欢把稻草卖成金条的人。

为什么这两个人都有本事，都很聪明，却分别遭到李开复和雷军的拒绝呢？

因为，他们体现的是小聪明，却缺乏大的智慧。

对此，中国传统智慧中有不少精彩论述：

“小胜凭智，大胜靠德。”

“大智知止，小智惟谋。”

当然，流传更多，应用也更广泛的是：

“不要聪明反被聪明误。”

是的，我们强调多想方法，变得聪明。

但我们提倡的是有智慧的聪明，而不是小聪明。

真正有智慧的人，不仅在工作中会想方法、有方法，在为人处世的时候，也懂得坚守应有的底线，提升境界。

这样不仅能避免摔不必要的跟斗，还能获得更好的机会和发展空间。

三、巧诈不如拙诚

有一句话叫作“真诚无敌”。

它说明在人与人之间的关系中，没有什么比真诚更加重要。

鲁宗道是宋真宗的大臣。一次，宋真宗有急事，派使者召见他。

使者到了他家，却发现他到外面喝酒去了，过了好一会儿才回来。

使者急着先回去向皇帝复命，于是和鲁宗道商量：

“皇上若怪您来迟，当假托什么事来回答呢？”

鲁宗道说：“就以饮酒实情相告吧。”

使者说：“这样，皇上会降罪。”

鲁宗道说：“饮酒是人之常情，欺君则是为臣的大罪。”

使者回去后，按照宗道之言如实禀报。

一会鲁宗道来了，宋真宗责备他：“你私入酒家，是什么缘故呢？”

鲁宗道谢罪说：“我家里贫困，没有酒器，而酒家具备。正好有乡亲远道而来，我请他去吃酒。我已换上便服，市人没有认识我的。”

鲁真宗笑着说：“你是朝臣，这样做也不坦荡，恐怕要被御史弹劾啊。”

真宗虽然批评了他一下，但从此却很器重他，认为他真实可靠，可以大用。

真是“巧诈不如拙诚”啊！

让更多的人帮你成功

没有人能独自成功。让更多的人帮助你成功，是智慧的高度体现。

当今社会，个人能力如果不与团队精神结合，必然产生不了理想的效益。

不要过于突出自我，而要强化他人，弱化自己。你弯一弯腰，世界就变大了。

一个人越能洞察人性，就越能赢得人心。

行善可开运。

智者多助力，愚者多阻力。

我在报上读过这样一个故事：

某公司要招聘一个营销总监，报名的人很多，经过层层考试，最后只剩下三个人竞争这个职位。

为了测验谁最适合担任这个角色，公司出了一道怪题：

请三个竞争者到果园里摘水果。

三个竞争者一个身手敏捷，一个个子高大，还有一个个子矮小。

看来前面两个人最有可能成功，但正好相反，最后获胜的竟然是那个矮个子的人。

这到底是为什么？

原来，这次考试是经过精心设计的。

竞争者要摘的水果都在很高的位置，很多都在树梢。

个子高的人，尽管一伸手就能摘到一些果子，但毕竟身高也有限。

身手敏捷的人，尽管可以爬到树上去，但是树梢的一部分果子，他就够不着了。

而个子矮小的人，一看到这种情形，二话不说就往门口跑。守门的是个老头，也是果园的维护者。

这位小个子应聘者意识到这次招聘非同寻常，也许个个是考官，也许处处是考场，所以在刚进门时，他就很热情地和老头打了招呼。

他很谦虚地请教老头平时是怎样摘这些树梢上的水果的。老头回答说是用梯子。于是，他向老头提出借梯子，老头十分爽快地答应。

有了梯子，摘起水果来自然不在话下，结果，他摘得比谁都多。

因此，他赢得了最后的胜利，获得了总监的职位。

从这个故事中，你是否看出来了主考官在考什么吗？

他考的是管理能力和团队精神中的一项重要内容——

通过对他人的关心和支持，赢得别人帮助和协作自己的能力！

很多人之所以觉得问题难，是由于他只倚重自己的才华和能力，而不懂得去获取别人的帮助。

没有一个人能够独自成功。赢得更多助力，让更多的人帮助你成功，这是一种高超的社会智慧。

我们怎样才能争取更多人的帮助呢？

一、强化他人，弱化自己

人人都希望得到别人的重视和认可。

愚蠢的人，只会一味地强调自己的重要，希望以此获得别人的尊敬。

但这就好比公鸡炫耀自己的尾巴，未必能收到理想的效果。

聪明的人恰恰相反，他们总是先要让别人感觉到重要，并最终以此赢得对方的尊重。

曾有朋友分享过“如何经营好人际关系”，其中有几点很值得借鉴：

语言中最重要的5个字是：“我以你为荣！”

语言中最重要的4个字是：“您怎么看？”

语言中最重要的3个字是：“麻烦您。”

语言中最重要的2个字是：“谢谢。”

语言中最重要的1个字是：“你。”

那么，语言中最次要的一个字是什么呢？

是“我”。

有一句话说得好：

“你弯一弯腰，世界就变大了。”

学会弱化自己强化别人吧。没过多久，你会发现喜欢你和帮助你的人会越来越多。

二、理解万岁？先理解别人的“不理解”！

人们常说“理解万岁”。这是希望他人同情我们的呼唤。

但是当别人还不理解你时，又该怎么办呢？

给大家提供一个很有效果的做法——

“理解万岁”，先要理解别人的“不理解”！

也就是说，“理解万岁”，也要从我做起。

我曾收到一个名叫陈丹的妇女干部寄来的一封信，她在信中表示：

我提出的“理解万岁？先理解别人的不理解！”的观点，对她有很大的帮助。

她曾经参加过我主讲的一场主题为“建设性思维与领导智慧”的讲座。当时，我阐述了这一观点。

这对她有很大的触动。她不仅将它用在了工作上，甚至挽救了一度关系紧张甚至差点破裂的婚姻。

她与爱人本来是大学同学，一直非常恩爱。她还在爱人的大力鼓励下参与竞聘，当上妇女干部。

可当上领导后，由于她责任心非常强，加上工作也很忙，与爱人相聚的时间就越来越少。

慢慢地，她的爱人觉得自己受了冷落，开始变得不满起来，甚至开始怀疑她与其他男同事有什么感情上的瓜葛。

两人的矛盾由此产生，并且开始互相指责，他指责她变心，她骂他虚伪。

接受了我的这个观点之后，她开始反思，是不是自己确实有做得不到位的地方？

之前，她老怪爱人不理解自己。现在，她开始试着站在他的角度来思考。

通过反思，她能理解他为什么会误会自己了。

于是，她便想方设法多挤点时间与他相聚，交流情感。

爱人感到她还是一如既往地爱自己，慢慢地改变了态度，变得像原来一样支持她。

她感慨地说：

“不要埋怨自己得不到爱人的支持。其实也许我只要多为爱人做一碗面，对他多说一声‘我爱你’，说不定那种关心和支持立刻就会又出现在你眼前。”

的确，在与人的交往中，不仅要让他人理解自己，自己也要理解他人。

不仅要理解别人，而且要理解别人的不理解，然后去争取别人的更大理解。

可遵循如下步骤来解决问题：

1. 承认别人不理解的现实。
2. 尊重别人的不理解，因为即使别人不理解也有其合理性。
3. 尽可能了解别人为什么不理解。
4. 采取让别人容易理解的方式，让其理解。

三、越能洞察人性，越能赢得人心

人性是复杂的，人性也是辩证的。稻盛和夫就明确说过：

“世界上没有比人心更善变的。但是，如果经营得好，世界上也没有比人心更坚固的东西。”

这说的是人心的不同表现，同时也是对人性的辩证法的说明。

人人都期望得到认可和帮助，如果你能懂得这一点，并自觉去给予他人认可和帮助，你就能获得许多朋友。

假如你能雪中送炭，在别人缺少认可和帮助的情况下给予他们认可和帮助，你就能获得更多帮助。

青年创业家高燃，是最早做短视频的创业企业家之一，他创立MySee直播网时才20多岁，就已身价过亿。

后来，他又成为鼎力资本、风云资本创始合伙人，成为投资界的新秀。

而他最初创业的故事，格外给人启迪。

高燃在大学毕业后，进了一家报社做财经记者。但他觉得这与他的梦想相差太远。

一番思索后，他决心创业。

经过几个月的准备，他写出了第一份商业计划书，然后就开始寻求风险投资人。

他好不容易找了个机会，将计划书亲自交给了雅虎创始人杨致远，可是几个月过去了，却没有任何回音。

不久，他参加了一次科博会，记者们都争着向那些海归名流提问，唯独一位名气不大的民营企业家被冷落在一旁。

看着那位企业家有些尴尬的样子，他觉得应该给其更多的关注。

于是，高燃接连向那个企业家提了好几个问题，替他解了围，让他感到自己同样受到尊重。

散会后，企业家主动找他聊天。

他向企业家谈起自己的创业梦想，并将自己随身携带的计划书拿给他看。

企业家觉得他的创意不错，说了这样一句话：

“就冲你这个人，我给你投 1000 万元！”

但 1000 万毕竟不是个小数目，董事会讨论后觉得风险太大，不愿意投资。于是这位企业家决定以个人名义给他投资 100 万元。

这第一笔风险投资让他的梦想终于插上了翅膀。

从人性的角度来看，不管是谁，都希望得到别人的尊重。

对此，著名社会心理学家阿伦森有这么一句名言：

“要获得别人的喜欢与支持，莫过于去满足别人的满足感。而人最大的满足感，莫过于得到尊重。”

高燃向被冷落的企业家提问题，就是给了其人人期待的尊重，满足了别人的满足感，因此迎来了自己生命中的贵人。

满足别人的受尊重感，别人可能会给你带来加倍的尊重和帮助。

四、行善可开运

好运气对成功具有重要的作用。

但如何才能获得好运气呢？

当然，不排除有那种天上掉馅饼的运气。但如果坐等天上掉馅饼，未免也太被动了吧？

作为想有所作为的人，我们能不能通过主动的行为，创造好的运气呢？能。

多年来，我格外信奉两句话，并以此去改进自己的思维与行为，结果是我不断获得好的运气。

一是“运随心转”，即心往不同方向努力，就获得不同的运气（好运或坏运）。

如果向积极的方向努力，就容易获得好的运气。

二是“行善可开运”。

行善就是做好事。也就是：做好事能创造好的运气。

做好事，能让我们的人生境界升华，让我们创造更好的人生价值。

关于这一点，估计大家都会认可。

与此同时，或许你还要知道一点：

假如你主动去做好事，还能创造更好的运气和机会。

不要认为这是不存在的现象。在这里，我向大家分享一段亲身经历：

我的第一份工作，是在一家省报当记者。23 岁那年，我作为最年轻的代表，参加中宣部在重庆召开的全国经济体制改革宣传经验交流会。

会议结束以后，许多代表坐船从重庆沿江而下。

结果上船以后，我发现：上海一家新闻媒体的某位领导因为订票太晚，只能坐四等舱。

她与船长交涉，希望能帮助她改成二等舱。

因为她年龄大，身体不太好，如果坐四等舱，几天过去，身体可能吃不消。

但是，船长告诉她：没二等舱的票了，很抱歉，帮不了她的忙。

当她正为此苦恼时，我发现这一情况，当即决定把我的二等舱的票换给她，让她更舒适地坐完这一航程。

这件事情以后，这位领导对我很关心。

过了半年后，她向我提议：

做省报记者，也不一定只在本省采访，也可以到外地去采访，开拓思路。

后来，她还郑重地向我发出去上海采访的邀请。

我将这一信息向领导做了汇报。领导很快批准我去上海采访。

在这之前，我采访的范围都只在省内。在上海采访几天，我大大开阔了眼界，而且对如何挖掘更有分量的新闻有了新的想法。

没过多久，中央推出沿海大发展战略。我突然有了一个点子：

能不能跳出本省，去广东等发达地区采访，比较本省与发达地区各方面的差距，以进一步促进本省的开放呢？

我的领导是一个非常有眼光的人，他也正在为如何联系中央的新政策做大新闻进行思考。

我的建议立即被他采纳。不仅如此，他还提高了规模与规格：

不是让我一个人去采访，而是组织一个大的团队，一起去广东等地方采访，进行系列报道。

当然，我也受到器重，主写第一篇报道。

这套名为《南海潮》的系列报道大获成功。

不仅对促进省内的改革开放起到了很大作用，而且引起中央和省领导的高度重视。时为全国人大常委会副委员长的费孝通，正好在省内考察，他对这组报道给予了很高的评价。

之后，这组报道也荣获了全国最高的新闻奖。

我不由回想起那位前辈邀请我去上海采访，对提升我采访思路的启发，也不由想起如果不是当初我无私地帮助她，也得不到去上海采访的机会。

通过这件事，以及类似这样的事，我深深地体会到主动行善的好处。

虽然我们可能不是刻意想创造好运气而去行善。但是，如果你去行善，的确能带来好运气。

当然，假如你一时陷入了困境与危机，觉得一时无法突破，你也不妨去多做一点好事，说不定也能时来运转。

你也可以通过实践，一次次感受到“行善可开运”的力量。

第四章

把问题变为机会

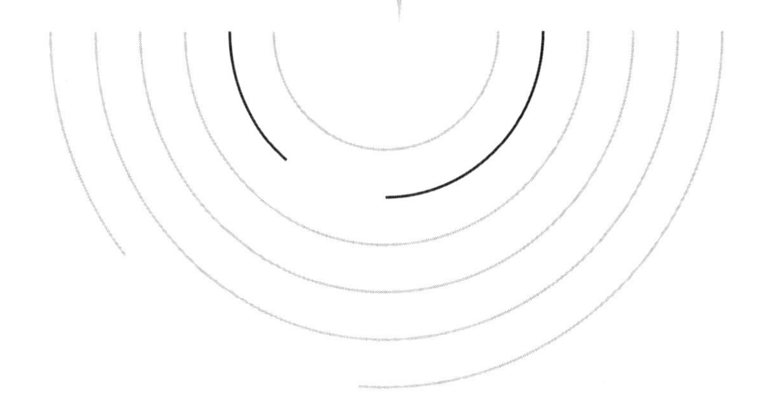

“没有问题”才是最大的问题

不要力图“没有问题”。

因为，最大的问题，可能恰恰是“没有问题”。

“人人都想真理站到自己这边来，就是不愿自己站到真理那边去。”

“最危险的瞬间往往在成功的瞬间。”

困难与问题固然给我们带来很多烦恼和痛苦，

但是，也对我们有着非常积极的意义。

“方法总比问题多”，是一种蔑视困难并勇于挑战问题的精神，同时也是一种通过寻找方法去解决问题的态度。

不仅如此，通过上述各章的分析和探究，我们不仅能够从心理上战胜困难，而且也能找到多种方法去克服困难和解决问题。

那么，是不是说，困难和问题，仅仅是我们蔑视和克服的对象呢？

不是。

一切都是辩证的。困难与问题固然给我们带来很多烦恼和痛苦，但是，遭遇困难和问题，对我们的成长、发展、创造，都有积极意义。

所以，我们不仅要擅长解决困难与问题，还应该将困难与问题变为机会。

这一点，恰恰是最有价值的认识之一。

让我们从最简单的辩证关系开始——不要力图“没有问题”。

最大的问题，可能恰恰是“没有问题”。

一、警惕被时代抛弃，学习“第二曲线”

看不到问题、不愿面对问题的人，往往在危机来临时，才发现自己反应太迟。

你不提前预防问题，不见得问题不会到来；

你不面对问题，不见得问题不存在。

你不解决问题，不见得问题会自动解决，而且任由其发展，很可能还会使情况恶化，变为危机。

我们最要警惕就是时代的变化，这可能给每个人带来想象不到的困境危机。

科幻小说《三体》里有这么一则金句：

“我消灭你，与你无关。”

央视前主持张泉灵有一句曾刷屏的话：

“当时代要抛弃你时，连说再见的机会都不给。”

不要认为上述观点是危言耸听。不知道你有没有留心到：

打败一个的，不一定是对手，有可能是一个过路人。

在这个飞速变化甚至是跨界“打劫”的时代，或许越来越难以想象：

很难界定谁是你的竞争对手，也很难猜到哪个新兴行业打败了哪个传统行业。

这些年，有多少知名企业倒掉，有多少曾经风光的人谢幕。

大厂裁员等问题，让原来收入颇丰、自我感觉很好的年轻人也感到了生存危机。

怎么办？先问自己三句话：

1. 你有被淘汰的危机感吗？

2. 你会重视“我打败你，与你无关”吗？

3. 你面对危机能果断转轨吗？

假如你有危机意识，不想被时代淘汰，那就要学会走出舒适圈，战胜“路径依赖”，勇敢转轨或提升。

其中最重要的一点，就是要敢于挑战“路径依赖”。

所谓路径依赖，是指一旦人们做了某种选择，就好比走上了一条不归之路，惯性的力量会使这一选择不断自我强化，让人轻易走不出去。

为了获得新的思维与机会，我们要敢于向这样的依赖挑战。

我们可以从当代企业家汪建国逆风翻盘的故事中，看到这种做法。

汪建国是谁？恐怕许多人还不知道他的名字。

但是，在中国家电连锁业，他也曾是呼风唤雨的知名人物。

汪建国所创办的五星电器是曾经与苏宁、国美并驾齐驱的品牌，这三家公司曾位居中国家电连锁业的前三名。

但是，后来在谋划上市的过程中，五星电器遭遇失败，而苏宁、国美纷纷上市。

苏宁的创始人张近东、国美的创始人黄光裕都成了鼎鼎有名的企业家。而汪建国却渐渐无人知晓了。

但到了 2021 年冬天，汪建国又成了许多媒体争相报道的创业英雄：

汪建国所创办的五星控股集团成功孵化出多家优秀企业：其中，母婴用品领军品牌“孩子王”在深交所创业板成功上市，市值达近 200 亿元。

农村电商第一股“汇通达”正式登陆港交所，市值为 200 多亿港元。

不仅如此，五星控股旗下的好享家、橙易达、阿格拉也都是未来上市的种子选手，如今身价 200 亿的汪建国也因此被誉为“独角兽之父”。

汪建国为什么能做到“逆风翻盘”且“王者归来”呢？

当初在与苏宁、国美的竞争中落败之后，他还在想办法极力去参与竞争，但在五星销售额破百亿时，他却看到了瓶颈。

于是，他毅然决然地选择放弃原来与苏宁、国美竞争的战略，开始了二次创业。

其重要转机，是汪建国在新加坡国立大学读 EMBA 时，一位名叫吕鸿德的教授给他画了一张图，这张图用现在的话讲，叫“第二曲线”。

吕鸿德说，企业有生命周期，个人也有成长周期。当你意识到企业或个人已经到了抛物线顶端，再往前走就要下滑时，实际上就应该放弃，大胆地去寻找第二条抛物线。

汪建国深刻地认识到：

商业最大的灾难，就是同质化竞争，而电器连锁行业明显出现了这方面的问题。

于是，他决定让五星公司改变方向，从原来的单一业务经营转型成一个创业孵化平台，并围绕四个有发展空间的方向发力：

一是母婴市场；二是农村市场；三是有钱人市场；四是老年人市场。最终取得了惊人的成效。

从方法学的角度来讲，这就是我们在前文分享过的运用横向思维、善于“换个地方打井”的体现。

“第二曲线”理论由管理大师查尔斯·汉迪提出。

他把从拐点开始的增长线称为“第二曲线”。任何一条增长曲线都会滑过抛物线的顶点（增长的极限），持续增长的秘密，是在第一条曲线消失之前开始一条新的 S 曲线。

他还进一步指出一个格外值得警惕的问题：

要开始“第二曲线”的增长并不是一件容易的事。缺乏时间、资源和动力，都难以使新曲线度过它起初探索挣扎的过程。

企业的领导者很少有远见和勇气在高歌猛进的时候偏离已有的成功路径，投入充分的资源来培植一种在短期内没有收益的业务。

这其实就是可怕的“路径依赖”，它具有抵抗变革的巨大惯性。只有在心理上彻底战胜“路径依赖”，才能真正实现“第二曲线”。

这样的思考，不管是对处于高速发展还是瓶颈状态的人，都有很好的借鉴意义。

别让“路径依赖”限制了你的视野，而要经常打开思路，想一想“还有没有更好的‘第二曲线’”？

二、最危险的瞬间往往在成功的瞬间

很多危机，往往是因为在取得成功的同时，当事人自以为“没有问题”造成的。

过于自信，漠视问题，就会为此付出高昂的代价。

每个大的失败，前面总有一个几乎同样大小的成功。

无数事实证明：成功易让人失去理智，从而产生巨大危机。

三国时的关羽，水淹曹操七军，吓得曹操准备迁都，但这时候，由于他盲目自大，结果中了东吴吕蒙的计谋，导致兵败被杀。

明末的李自成，也是在推翻明朝统治之后，被关外的满人打败。

当下有不少故事，更是印证：

前几年，有一位很有名的地产商，应邀在哈佛讲课时，有学生问：

“你们最大的竞争力是什么？”

这位地产商自鸣得意地说：

“那就是有钱。”

实际上，所谓有钱，就是拿国家银行的钱去海外收购。

很快，国家出台政策，严厉限制这么做，于是他只好赶紧将各种资产“卖卖卖”，甚至极低价地甩卖。

幸亏处理及时，公司才避免了灭顶之灾。

海南航空公司，就是采取这种方式，成为扩张最快的公司之一，当然跌得也更惨。后来海航被迫破产重整，董事长也被逮捕。

还有某网红主播，事业本来如入中天，但因为偷税，被罚款10多亿元，最后也被封禁了。

事后，他们应该都会后悔。但事前，他们为什么就看不到危机呢？

最好的做法，当然是事前尽力避免。

那么，该怎么避免这种状况呢？

一个失败企业家的反思，也许可以给我们提供好的答案。

日本的和田一夫，曾创办了世界上赫赫有名的八佰伴集团，后来由于盲目扩张导致公司破产。

在反思自己如何从巨大成功走上巨大失败之路时，他谈到最深的一个教训是：

“我在经营企业最困难时，往往会做各种各样的努力去克服困难，但在事业成功时却会骄傲自满，导致判断失误。

“由此看来，事业取得最大成功时风险也最大：失败是人生财富，成功是最大危机。”

有个思想家讲过这么一句话：

“人人都想真理站到自己这边来，就是不愿自己站到真理那边去。”

许多人都因为过于盲目自信而栽了跟头，他们总是被胜利冲昏了头脑，当时他们的脑袋中，只有一句话——

“没有问题！”

最危险的瞬间往往在成功的瞬间。

当一个人取得成功的时候。要居安思危，对问题保有警觉之心。

我们又一次需要向投资之神巴菲特学习。

他这样要求团队的成员：

“有好消息可以晚一点告诉我，但有坏消息，请第一时间告诉我。”

三、要对问题“排雷”，就得剪掉“思想上的长辫子”

一个人可以忽略问题。但是被忽略的问题，很可能是一个“雷”，说不定哪天就爆。

为了避免发生这样的情况，优秀的人总是及时排雷，甚至预先排雷。

请看一个“一头头发换一份工作”的故事吧。

在我们举办的“首届中国白领成功训练营”上，一位姓薛的女士分享了一段自己的应聘经历：

薛女士在法国留学。毕业时，她得知巴黎一家生产时尚产品和珠宝的世界知名企业，要为公司在北京开设的专卖店招聘主管，于是前去应聘。

薛女士在首次面试中表现得很出色，加上自己是中国人，学成之后回中国发展，比其他竞争者更有优势，她认为自己得到这个职务十拿九稳。但没想到：主考官并没有立即录取她。

这个结果让她很难接受，也让她想不通。

如果是一般的应聘者，可能会到此为止，准备放弃这个机会了。但薛女士一个很“较真”的人，她要逼迫自己想通：到底是什么原因，导致自己没有被录取呢？

她将自己招聘中的表现，在大脑中一一复盘：公司需要的美学素养、自信精神、沟通能力、领导力……自己都表现很好，怎么就没有被录取呢？

突然间，她想到了一点：

她有一头留了10多年的长辫子。是不是问题就出在这条辫子上呢？

从她自己的角度讲，这条辫子，一直是她感觉自己最有特色、最有魅力的标志之一。

但是换位思考一下：自己应聘的这家公司是一家时尚公司。自己留着这辫子，是不是会让招聘官觉得自己缺乏时尚精神、落后守旧？

于是，她毫不犹豫，一刀把这条珍爱无比的辫子剪掉了。

她再去复试。结果，主考官一看她的辫子没有了，一副爽利精干的短发模样，当即微微一笑，说：

"看来你已经反思到了。"

之后，很快她被录取了。

我记得，当薛女士分享完这一故事，立即引起了学员们的热烈讨论。

有的赞美薛女士有这种自我反思的精神。

有的佩服薛女士有这种遇到问题、逼迫自己想通的能力。

还有更多的人得到启示：

在工作和生活中，我们未必留着薛女士那样的长辫，但是，我们或许往往有着思想等方面的"长辫子"。

某些你引以为傲的东西，恰恰可能是自己前进和发展的障碍！

比起有形的"长辫子"，无形的"长辫子"更可怕！

实际上，没有人绑住你，绑住你的是你自己。

下决心剪掉各种无形的"长辫子"，就会创造突破的奇迹。

迎接你的，必然是更广阔的空间、更珍贵的机会。

问题是成长和发展的机会

当上帝要送一份特别的礼物给你时，总是以问题做包装。

遭遇“不”，对智者而言是一种“福音”。

真正面对和承认弱点，才能真正成长！

不要害怕问题！

不要害怕受到否定！

不要害怕遭遇想象不到的困难！

遭遇否定，是为了让我们发愤，让未来更加辉煌！

问题带来的不仅仅是麻烦，还有重要的新机会。

首先，对我们的成长而言，问题就是一个很好的机会。

一、当上帝要送一份特别的礼物给你时，总是以问题做包装

我们有时会遇到一些不愿意接近的人，有时会遇到一些不愿意接受的事。

如果遇到了，我们往往就将它们称为“问题”。

但是，这些让人心烦、不喜欢的事情，真的就不好吗？

对此，我经常与大家分享这么一个观点：

“当上帝要送一份特别的礼物给你时，总是以问题做包装。”

不少人因为这句话深深受益，他们勇敢地面对问题，接受问题，以积极的心态和姿态去解决问题。

结果，的确收到了很好的“礼物”。

我儿子吴牧天就是其中的一位。

他在美国普渡大学上一门新课，当时他们在一个教室里，老师规定，如果你一开始跟谁坐在一起，一段时期内就得一直和他在一起。

结果开课那天，他发现他身边的位置是空的，而且有一个带印度口音的外国留学生可能会走过来。

他在心里祈祷：千万别让他坐我身边，千万别坐我身边。

为什么呢？因为当时他听说，有些印度人的口音比较重，如果经常跟他们在一起交流，在表达方面可能受其不好的影响。

结果没想到，那个同学果然坐在他身边。

怎么去接受这个事实？

他突然想起了“问题就是机会”这句话。

于是他不仅没有排斥这位同学，还经常向其请教：

这个词你们为什么那么发音？为什么你们喜欢这么去表达？

通过这样的交流，他了解了印度人讲英语的口音特点，基本上能够适应印度式英语了。

没想到毕业以后，这件事竟让他深深受益。

他毕业后在国内一家知名企业工作。

有一天，集团做一个很重要的项目，外方请来的专家是以英语进行交流。

集团很多人是能听懂英语的，但糟糕的是，那位专家是一个有明显口音的印度人。许多人都听不懂他的话，连翻译人员也觉得困难。

怎么办？

吴牧天主动向领导提出，我能够听懂印度口音，让我给他做翻译好不好？

结果他的翻译做得特别好，得到领导与同事们的高度肯定。

你看，是否问题就是机会？

二、遭遇“不”，对智者而言是一种“福音”

喜欢听到肯定和赞扬，不喜欢听到批评，是人的共同心理。

但是，对智者而言，遭遇别人说“不”，往往是一种成长的契机。

原一平是日本最伟大的推销员之一，舆论评价他的笑是“值百万美元的微笑”。

但他刚当推销员时，也经历过种种的不顺利。

在自传中，他讲述了一次自己成长的重要契机：

他去某寺庙推销保险，一位叫吉田的和尚十分热情地接待了他。

看着和尚非常耐心地听自己“游说”，原一平心中窃喜，认为这次推销肯定是十拿九稳了。

不料，当他最高兴的时候，和尚却蹦出这样一句话：

“人啊，最好是第一次见面就有一种让人记得住的东西，否则，一生不会有什么成就。”

和尚的话如当头棒喝，把洋洋得意的原一平点醒了。他立即向和尚请教，和尚给他提出的建议是：

“赤裸裸地注视自己，毫无保留地彻底反省，然后才能认识自己。”

具体办法是：多向别人请教，尤其是向客户请教。

虽然推销不成，但原一平得到了最好的指点。

为此，他专门组织了一个“原一平批评会”——自己花钱，邀请一帮客户，定期给自己提意见。

即使穷得拿不到薪酬，他宁可借钱，花在“批评会”上的钱也一分都不会省。

客户提的意见都是无价之宝，他越来越认识到自己的缺点。每一次“批评会”，他都有被剥一层皮的感觉。

但也正是通过一次又一次的“批评会”，他开始一点点除去自己身上的劣根性。

原一平的潜能得到了很大的发掘。

他学会了如何克服弱点，如何将缺点变成优点，学会了如何处理“拒绝”，以取得别人更大的信赖，怎样以不亢不卑的态度对待客户以及如何微笑等。

他的业绩开始直线上升，公司每周举办的业绩竞赛他都独占鳌头。

“原一平批评会”一共持续了 6 年，之后，他又花钱请调查公司调查自己在客户心目中的印象。他说：

“我这一辈子，充分享受了花钱买批评的甜头。”

遭遇“不”会暴露自己的缺点和弱点，会避免自己的片面，使自己更能看清真相和自身，从而促使自己不断地提高。

三、真正面对和承认弱点，才能真正成长

人的最大弱点，就是太爱面子，太把所谓的“自尊心”当回事。

但真正聪明的人，往往会看淡面子。

当遭遇挫折或否定，他们会真正面对和承认弱点，并由此改进自己、提升自己。

被称为“美国历史上最伟大的总统”的林肯，年轻时却是一个喜欢责备、嘲笑他人不计后果的“刺头”。

一次，林肯写了一篇文章给当地报纸，嘲笑一位叫作詹姆士·西

尔士的人。

文章登出来后，西尔士找到林肯要求决斗。

好在即将决斗的紧要关头，双方的朋友上前阻止，得以避免一场死拼。

这一事件，给了林肯极大的教训。

虽然他平时遇事沉着，但真正面对这样的生死搏斗，也不禁心惊肉跳。假如真有任何不测，这对胸怀大志的他来说，实在就太不值得了。

经历这一事件后，他的性格急剧转变，从此不再嘲笑别人，也不轻易责备人。

后来，林肯被评为待人最真诚、厚道的领袖之一。

把任何对自己的否定，都当作提升自己的警示和机会吧！

敢于承认弱点，就是对自己脆弱的自尊心发起挑战。而正确面对所谓的自尊，不仅是一个人成熟的表现，也是聪明的标志。美团的王兴曾在饭局上发表过这么一句话：

“我一大早就被一句话震撼了：‘和聪明人在一起工作，最大的好处就是不用考虑他们的自尊。’据说是乔布斯说的。果然牛，太深刻了！”

字节跳动的创始人张一鸣也说：“没有那么多自我需要维护。”

每个人都害怕看到自己的脆弱、无能、幼稚。但是，躲避面对，就是躲避成长。

不仅是个人，一个机构或团队，甚至整个人类，只有真正去面对弱点，才会带来真正的成长。

近现代以来，人类曾经极大的自信经受了三次巨大的“打击”：

第一次，认为地球——人类的家园是宇宙的中心，这点被哥白尼的“日心说”粉碎了；

第二次，认为人类是生物之神，是万物的主宰，这点被达尔文粉碎了——人类不过是从猴子变来的，不过是地球上长长生物进化链上的最近一链；

第三次，认为人是自己心灵的主人——这已经是人对自信的最后一片领地了，但弗洛伊德的潜意识理论，又把它粉碎了——人的一切心理和行为不仅受意识支配，更受你能清晰把握的潜意识支配！

上述每种理论的提出，在当时都有离经叛道之嫌，引起过轩然大波，一些拥护这种真实理论的人，甚至付出了生命的代价。

但是人类在逐步接受这些真理之后，每一次都产生了飞跃：

有了天文学的革命，才使人们真正进入太空；

研究进化论后，人们才有可能研究人类的基因；

用潜意识理论治疗精神疾病，才可能更好地培养健康的人格。

不要害怕问题！不要害怕受到否定！不要害怕遭遇想象不到的困难！

因为，遭遇问题和困难，恰恰是成长的契机。

从“问题猎物”到“问题猎手”

人与问题的关系，只能是猎手与猎物的关系：不是你消灭它，就是它消灭你。

一个优秀的人，总能在第一时间察觉问题，并妥善处理。

我们不该放过任何苗头，应该认真加以重视，直到找到问题的根源，并将问题解决，才算真正完成工作。

问题的发现，比现有的能力还重要。

人与问题的关系，是猎手与猎物的关系。

要么，人是猎手，问题是猎物。

要么，人是猎物，问题是猎手。

不是你消灭它，就是它消灭你。

那么，我们该如何当一个好的“问题猎手”呢？

一、越早面对问题，越能实现“思维豹变”

面对问题，不少人有一个不好的习惯，就是躲避。

但是，躲避也不见得问题就不存在。

越躲避，事情往往越容易恶化。

越躲避，自己往往越不容易成长。

聪明人都懂得一个道理：

第一时间面对，第一时间解脱。

第一时间面对，第一时间成长。

我们且看著名导演胡玫的“豹变”之路：

胡玫是当今著名的导演之一，她拍摄的《雍正王朝》《乔家大院》，都是国内很有影响力的电视剧。

她曾经也遭遇过问题摆在面前、不得不去面对的情况。

她毕业于北京电影学院，但是毕业以后，却未能做自己心仪的影视工作，只是在一家小公司做了10年时间的广告业务。

这对她是一个很大的挑战。她也有心理的落差，也有很不愿求人的时候。

但最终，她觉得这是自己必须面对的事情，还是逼迫自己去面对。

有时候，她为了能拿到一点数额不大的广告费，去陪某些老板打高尔夫球。

有一次，她受伤了，但还是追着对方说：

“大哥，把广告给我吧！”

中央电视台曾经播放一档她的专访节目。当主持人问其当初联系广告对她后来从事导演工作有没有帮助时，她讲了这样一个观点：

“当你明白你不得不做某些事时，你就开始成熟了。”

是的，这种直面问题的做法，才算是成熟。

已故著名高僧圣严大师是“心灵环保”的提倡者，他提出：人随时随地会遇到问题，而一流的人，对于问题应该把握如下“12字方针”：

“面对它、接受它、解决它、放下它！”

解决问题的基础是面对问题。

当你明白自己拥有不得不实现的理想和目标，所以积极去面对并决心解决某些问题时，你就开始成熟了。

人生就是一个不断遭遇问题、正视问题和解决问题的过程。

旧的问题解决了，新的问题又产生，不害怕，不厌烦，不躲避！

我们唯一能够做的，就是提升自己面对问题和解决问题的水平。在此基础上，才有可能去打造我们的高级自信——

方法总比问题多！

二、尽可能将问题消灭在萌芽状态

问题刚刚发生时，处于萌芽状态。那时，问题或许还不太严重。

但是，如果任其发展，它就很可能恶化，最后达到难以收拾的程度。

所以，最好的对策，就是问题还处于萌芽状态时，把它消灭。

华为的经验与教训，就值得重视。

华为创始人任正非很敬佩日本经营之圣稻盛和夫，并亲自去请教经营之道。

有一次，在与稻盛和夫先生交流时，稻盛和夫问了他一个问题：

“美国要是一直用核心技术打压你怎么办？”

任正非离开时，稻田和夫又强调说：

“一定抓住核心技术，不要妄想着坚守一切！”

任正非其实很早就想过这个问题，但重视程度还不够。经稻盛和夫一提醒，他发现自己过去可能是小瞧这个问题了。

于是，后来任正非提出“深扎根，捅破天”的科研方案，迅速聚拢了一大批优秀人才，目标只有一个，就是突破西方的技术壁垒。

果然，后来美国对华为进行打压。尤其是在手机领域，华为面临芯片受限、安卓系统禁用的情况。

这时，华为推出早就准备好的海思芯片、鸿蒙系统“一夜转正”，为全球客户持续提供服务。

是的，面对问题，我们最好是有能提前预判的能力，最起码，在问题处于萌芽状态时，就能及时解决。

我十分喜欢下面这个故事：

日本剑道大师冢原卜传有三个儿子，都向他学习剑道。一天，卜传想测试一下三个儿子对剑道的掌握程度，就在自己房间的门帘上放置了一个小枕头，只要有人进门时稍微碰动门帘，枕头就会正好落在头上。

他先叫大儿子进来。大儿子走近房门的时候，就已经发现枕头，于是将之取下，进门之后又放回原处。

二儿子接着进来，他碰到了门帘，当他看到枕头落下时，便用手抓住，然后又轻轻放回原处。

最后，三儿子急匆匆跑进来了。

当他发现枕头马上要掉下来时，情急之下，竟然挥剑砍去，在枕头将要落地之时，将其斩为两截。

卜传对大儿子说道：“你已经完全掌握了剑道。”并给了他一把剑。

然后他对二儿子说道：“你还要苦练才行。”

最后，他把三儿子狠狠责骂了一通，认为他这样做是卜传家族的耻辱。

卜传以什么原则给三个孩子不同的评价呢？其中的一点，就是对问题的觉察。

大儿子能够以最敏锐的思维觉察到问题，并且将问题消灭在萌芽状态。

二儿子发现问题晚，但当问题发生时，处理得当。

三儿子根本没有发现问题，当问题出现时，便采取极端的应急方式进行处理，结果把不应该砍掉的枕头砍掉——自己引发了新的问题。

一个优秀的人，总能在第一时间察觉问题，并进行妥善处理。

三、先找问题，再找能力

这种方法经常用于创造发明，它体现的是这样一个道理：

问题的发现，比现有的能力还重要。

关于这一点，爱因斯坦有一个十分重要的观点：

“提出一个问题往往比解决一个问题重要，因为解决一个问题也许只是数学上的或实验上的技能而已。

“而提出一个新的问题、新的可能性，从新的角度去看旧的问题，却需要有创造性的想象力，而且标志着科学的真正进步。”

贝尔原是语言学教授，他偶然发现：当电流接通或截断时，螺旋线圈会发出噪音。于是他想，是否可以以电传送语音甚至发明电话？

这一设想一提出，立即遭到许多人的讥笑：“电线能够传递声音？真是天大的笑话！你不懂电学，才会有这种不切实际的想法。”

贝尔的确一点也不懂电学，但他并没有放弃，而是千里迢迢前往华盛顿，向著名的物理学家、电学专家亨利请教。

亨利对他的想法给予了充分肯定。当贝尔说自己最大的困难是不懂电学时，亨利斩钉截铁地说：“那就掌握它。”

亨利的话对贝尔产生了很大的影响，他辞去教授职务，专心从事电话试制。他用几个月的时间就掌握了电学知识。两年后，世界上第一部电话，由贝尔试验成功。

为何电话不是由那些懂得电学知识的专家、而是由一个语言学家发明？

只因为他对问题的察觉，使他比别人更快地找到了“市场的标靶”和可以奋斗的目标。即使一时不具备相关知识，也可以去学。

一个人具有某方面的能力是很重要的。但要想真正获得成功，必须具备捕捉问题的能力。

我们还可以举出一大堆事例：

- 参与创立现代物理学的德布罗意，在大学学的是文科；
- 发现星系红移的美国物理学家哈勃，原先是一位律师；
- 发明“脉译”、开创量子电力学的汤斯原来专攻语言学；
- 安全刮胡刀的发明人吉列是一位推销员。

……

因此，请记住创造发明的问题导向原则：

寻求问题比现有才能更重要。

有关学识可以在实践中提高完善，发现问题才是智慧的起点。

四、从五方面去“要问题”

第一，向“关键点”要问题。

关键点往往决定全局。因此，请重视：

哪些点、哪些环节、哪些岗位、哪些人、哪些时间是关键的。

“关键点”抓准了，就会“纲举目张”。

一个典型的案例，就是华为当年花 40 亿元向 IBM 拜师。

当时，华为发展很快，但管理跟不上。任正非认为：

假如管理跟不上，华为要想再发展，速度一定会受限制。

即使发展了，基础也不牢，也很容易出现问题。

怎么办？任正非带队到发达国家取经，最后决定请 IBM 帮助华为全面更新管理系统。

IBM 报出价格：40 亿人民币。

不要说是在 20 多年前，即使在今天，拿这么多钱去学习仍然令人感觉不可思议。

华为的一位高管一听这个价格就懵了，想要砍价。

任正非问他："你砍价后能保证项目质量吗？"高管摇头。

任正非又问 IBM 的主管："如果我们同意这个价钱，您有信心把项目做好吗？"

对方点头，于是双方就按这个价成交了。

很多人不明白任正非为什么不讲价，但后来或许明白了：

管理问题，是华为发展的根本问题。只要能解决这一根本问题，花那样的代价绝对值得。

这就是"抓根本"。它主要有两个关键点：

1. 知道什么是根本。

2. 在根本问题上，哪怕花最大代价，也要解决问题。

第二，向"薄弱点"要问题。

一个链条有 10 个链环，其中 9 个链环都能承受 100 公斤的拉力，唯独有一个链环承受的拉力只有 10 公斤。

那么这个链条总体能承受的拉力取决于最薄弱的那个环节，只能是 10 公斤。

"木桶原理"也指出：

木桶能盛多少水，不是取决于最长的那块板，而是取决于最短的那块板。

第三，向“盲点”要问题。

盲点就是你容易疏忽而看不到地方。

向盲点要问题，就是要从容易忽视的点、岗位、部门、工序、人员、时间等方面去发现问题，或防止问题发生。

第四，向“奇异点”要问题。

奇异点，是异乎寻常的点。异常现象可以提供新的机遇，或者引发创新，带来变革，也可以引发破坏，从而带来不可弥补的损失。

第五，向“结合点”要问题。

上下级之间、家庭与工作单位之间、前后工序之间、甲乙方之间、单位与外部环境间、计划的两个环节之间等，都属于两个事物的连接部位，即结合点。

结合点是最容易出现问题的。

为什么？因为结合点部位是信息的集散地，是矛盾的集中地，是人们注意力的关注点。

找准了这五点，不仅容易避免会导致损失的问题，还能把损失减小到最低程度。

而且由于善于探寻问题，很可能还会有新的创造与发现。

把危机变为机会

一个优秀的人，不仅能够好好解决问题，而且能够把危机变为机会。

最高境界的方法，不只是解决问题的方法，而且是把问题、危机转化为机会的方法！

换一种思维，坏事可以转化为好事。

换个角度，危机恰可成转机。

危机是让人脱颖而出的最好机会。

别人都干不了的难题，恰恰是属于你的独特机会。

一个优秀的人，一个杰出的员工，不仅不会害怕和躲避问题，能够解决问题，而且善于把一个个危机变为机会。

“方法总比问题多”还有一层更深的含义：

最高境界的方法，不只是把问题解决的方法，而且是把问题、危机转化为机会的方法！

一、换一种思维，坏事可以转化为好事

根据辩证法的原理，任何事情在一定条件下，都可以向相反的方面转化。

好事可能变坏事。同样，坏事有时也能转化为好事。

几年前，我就帮助一位房地产公司的朋友，将坏事转化为了好事。

这位朋友所在的公司，是香港一家房地产公司在安徽某市的分公司。当时他们刚到那里，对当地情况很不熟悉。

结果，当地一位蛮横的老板，以我的朋友抢了他的生意为由，带人将我的朋友打了一顿。

事情发生后，大家觉得这是公司成立以来的最大危机：

总经理被打，说明这里的投资环境实在恶劣，假如任由这样的情况发展下去，那以后还不知道会发生什么事，还不知道公司会不会有另外的大风险、大问题。

到底该如何处理，大家意见不一。

当地员工介绍说：

这人向来刁蛮，经常无事生非，而且跟当地的某些权要有些关系，周围的人都怕他。

于是，有人提出："强龙不压地头蛇，忍一时风平浪静，算了。"

更多的人则倾向于找他算账，总经理被打，那还得了？

有的人说："怕什么？公司里人不少，先把那个小子揍一顿再说。"

理由是：既然这里的人如此野蛮，为了避免"人善被人欺"，只有打出威风来，公司才能在这里立足。

当时我正好在那里，目睹了这一幕。我对朋友说：

"出了这样的问题，一定要解决，但不能蛮干，可以把问题转化为机会。

"作为来这里投资的外商，遇到这样恶劣的事情，如果宣扬出去肯定会对当地的投资环境产生不良影响。我相信市领导不会对这样的事情坐视不理。

"应该借此机会向市领导反映情况，这不仅是为了出气，更是为了以后更好地开展工作。"

朋友听取了我的意见，当场给市领导写了一封长信。我又写了一份辅证材料，提出希望该市改善投资环境。

第二天，我就坐飞机离开了。在离开之前，我对朋友说：

“坏事也会变成好事，我相信此举必定有好的结果。”

果然，几天后朋友告诉我，市领导十分重视这件事，当即指示公安局领导查处此事。经过调查核实后，公安部门按有关条例对那位打人的老板做出了拘留的处罚！

不仅如此，市领导以此为由头，狠抓该市的投资环境建设，并在当地报纸上对此进行了讨论，以全面改善当地的投资环境。

更耐人寻味的是，那位打人的老板，被放出来之后，不知出于什么心理，还买了一堆营养品来看望我的朋友。谦恭有礼，前后判若两人。

一件不好的事情，经过这么一处理，实现了如下的好效果：

1. 以最理想的方式惩罚了侵犯者。

2. 引起了市领导的重视，为公司以后开展工作起到了很好的作用，更避免了以后一些类似不好事情的发生。

3. 因为媒体和社会各界对此事讨论纷纷，等于不花钱为公司做了一个大广告。

分析这一问题的前因后果，我们还可以得到如下启示：

1. 不管你将生活设计得如何美好，问题还是会出现。

2. 虽然你无法预知问题何时出现，但你可以通过有效的方法解决。

3. 面对同一问题有不同的处理态度，应采取最有建设性的一种。

4. 只要你积极应对，坏事常常可以变好事。

二、换个角度，危机恰可成转机

问题不仅意味着麻烦，还意味着新的启发、新的机遇。

这让我想起我爸爸的故事。

我的爸爸 12 岁就成了孤儿，住在一个偏僻的山村里。雪上加霜的是：竟有霸道的人将当时仅 10 多岁的爸爸赶走，霸占了他的房屋。

爸爸一个人去闯生活，经历了许多想象不到的困境，但后来生活越来越好，而且成了当地最受尊敬的人之一。

有一年春节回到老家，我和爸爸一起去拜访一个人，经过了当年他所住的房屋。我问：

“爸爸，回想到当初别人把你赶走，你现在还伤心吗？”

没有料到，爸爸沉吟了半刻，说：

“当时是伤心而且绝望，但现在回想起来，真得感谢那个赶走我的人。不然，我很可能一直窝在这个偏僻的山沟里，怎么会有以后更好的生活？”

“双减”政策落地后，许多教育培训机构受到致命打击。包括知名培训机构新东方。

但新东方创始人俞敏洪做了一个决策：

宣布收缩了线下业务，退租 1500 个教学点，将近 8 万套课桌椅捐赠给农村儿童；成立一个大型的农业平台，通过直播带货，帮助销售农产品，振兴乡村事业。

俞敏洪登陆抖音，开始了他的农产品直播带货首秀。

在直播中，他还谈到一个十分重要的观点：

不要害怕危机，危机恰恰可能是转轨的好机会。

在抖音平台进行直播带货，虽然开始时有一些艰难，但后来在董宇辉等得力干将的共同努力下，新东方的农产品带货平台“东方甄选”，竟然成为抖音最好的带货平台之一。

俞敏洪敢于面对困境、把危机变为转机的意识，和及时转轨的做法，是格外值得赞赏敬佩的。

其实，把问题看成机会、把危机当成转机，应该是俞敏洪之前那些年的真实体验。

大学毕业后，俞敏洪留在北京大学任教。他参加托福考试，考了663 分，申请了美国的多所大学。

虽然他被一些美国大学录取，但没有一家能给他提供奖学金。

他没有那么多钱。为了能出国留学，他一边在北大教书，一边在校外办培训班。

因为有“北大教师”的光环，加上其教学水平的确出色，俞敏洪的培训班生意很红火。比他当老师挣的工资还多不少。

但有一天傍晚，北大广播里播放了一则消息：

俞敏洪老师因私自在外授课，严重影响了教学秩序，现决定将其开除。

这个消息在学校连播了三天，处分在公告栏里足足张贴了一个多月。

这让他经受了极大的挫败，带给他巨大的羞辱感。

怎么办呢？俞敏洪无奈只好离开北大，创办了新东方培训机构。正因为他离开了北大，自主创业，才有了后来的传奇和光彩。

不管是谁，不管遭遇怎样的危机，假如能积极转轨，很可能回过头来，就是一片新的生机。

很多时候，当一些不好的事情发生时，我们往往认为这是根本难以接受的大危机。

但是，假如把这当成开始新生活的契机，在新的领域努力，说不定这恰恰是最好的转机。

新的生活已经出现，新的航程已经开启，不要留恋过去，而要勇敢往前走。

这让我想起海伦·凯勒的名言：

“每当一扇幸福之门关闭，就会有另一扇幸福之门打开，

但我们往往长久凝视着关闭的这扇门，而看不到已经打开的那扇门。”

请记住：

优秀的人，绝对不会浪费人生中的每一次危机。

积极的人，在每一次危机中都能开创一个更好的机会。

三、危机是你脱颖而出的最好机会

对职场中人而言，出现危机是可怕的。

但是，如果把握得好，你会发现这可能是让你脱颖而出的一个最好机会。

且看我们的金牌学员阿云的故事吧。

阿云大学毕业后进了一家公司当文员。没想到，工作不久，公司就因为投资失误面临倒闭。

公司开始不断裁员，人心越来越不稳定，有门路的人纷纷找关系离开，没有人安心工作。甚至连老总的秘书也离他而去。

这时候，只有阿云一如既往任劳任怨地工作，在老总的秘书离开后，她又主动帮助老总处理好各种善后工作。最后，公司倒闭了，她也不得不离开公司。

老总是一位60多岁的老先生，属文人下海，没有经商经验，才

导致了这次失败，老总很伤心，但是，他对阿云的表现十分感激，不仅在公司清盘之时，多给了她半年的工资，还不断想办法要帮助她找新的工作。

不久，他的一位学生从海外留学回来，准备在北京开一家大公司，要他推荐人才。他毫不犹豫地推荐了阿云。

阿云从新公司成立之初就很受器重，而她也更加努力地工作。

她从办公室副主任做起，不到两年就成了那家公司主管人事和行政的副总裁。

一次，公司招聘营销总监，阿云是主考官，其中一位前来应聘的人，竟然是阿云原来公司的副总经理。

自从前公司倒闭后，这位副总经理就一直没找到好职位。

当他发现决定他此次应聘命运的主考官，竟然是原来公司不起眼的文员时，他大为震惊，不由得感慨地说，自己上到了人生中一场很重要的课。

遇到危机，对于愚蠢的人是灾难，但对于聪明的人却是机会！

四、别人都干不了的难题，恰恰是属于你的独特机会

与大家分享一个身边的案例：

在我的老家湖南，有一位传奇的创业人物，名叫张佐娇，她 16 岁出外打工，先是在深圳，后来只身闯荡香港。没有背景的她，抓住机会，创下亿万资产，并成为省政协委员。

张佐娇在香港先从事房地产代理工作，有了一定基础后想做地产开发。但她一直没有找到好的机会。

有一天，她看中了市区的一块地，是开发房地产项目的好资源。奇怪的是，这么一块地，多年来却没有被开发。

这是怎么回事呢？一打听，原来是因为很难找到这块土地的主人们。这块地有很多个主人，分散在全球各地。不少开发商都曾想打它的主意，但因为难度太大，最后都只能放弃。

但张佐娇却想：大家都觉得问题太大，无法解决，那恰恰是我的机会！

于是，她想尽办法从香港到英国、美国、加拿大等地，一一去寻找并拜访这块土地的主人们，竭尽全力劝说他们让出土地。

这其中的复杂、艰辛，就不一一说了。最后的结果是，她终于将所有的土地征收到自己的手上。

张佐娇将这块土地开发之后，挖到了第一桶金。

回顾这段经历时，张佐娇感慨地说："创业，天天都有要面对的难题，但所有难题都是机会，别人越难做、越想躲开的问题，恰恰有可能是属于自己的独特机会。

"没有试过不应该否定自己，遇到困难绝对不能犹豫退缩。这也算是创业成功的一条基本法则吧。"

问题是机会，大的问题是大的机会。

对于这点，黑石集团的创始人苏世民深有体会，他在成立公司不久就选择投资 6.5 亿美元，收购问题成堆的美国钢铁公司的 51% 的股份，后来这笔投资的利润是投资额的 26 倍。

对此，他的体会是：

"你能解决别人无法解决的难题，就能抓住别人无法抓住的商机。

"让自己脱离困境的一个方法就是：帮助别人解决他的问题。

"为人人避之不及的问题提供解决方案，才是竞争最小、机会最大的领域。"

V 型思维：人人都可成为创造者和创业者的思维

V 型思维——

这不仅是一种将问题变为机会的思维，更是一种人人都可成为创造者和创业者的思维！

停止抱怨处，就是机会来临时。

“我创造的东西，就是我自己最需要的东西！”

“我卖给别人的东西，就是我自己最想要的东西。”

在本书最后，我要给大家讲一个我所总结出来的、最有魅力的方法：

V 型思维——一种最能体现将问题变为机会的思维！

一种人人都可成为创造者和创业者的思维！

很多人一谈到创造和创业，或许都会摇头：这可能吗？我有这样的机会和能力吗？

假如你掌握了这种思维，就有可能成为一个成功的创造者和创业者。

一、一个将问题转化为机会的绝妙公式

我曾经遇到一位在海外创业的华人企业家杨先生，他的创业经历很有意思，其第一笔钱是这样赚到的：

多年前他在上大学。一天晚上，他起床时不小心将热水瓶碰倒

了，里面的内胆碎了。第二天，他到学校的商店想买个热水瓶胆换上，结果售货员告诉他，瓶胆不单卖，要买就得买整个热水瓶。他想跟售货员理论几句，结果反而被骂了一通。

他一气之下，决定给校长写一封信。就在他构思这封信该如何写的时候，突然灵光一闪：

既然学校的商店没有热水瓶胆卖，为何我不去做这个生意？学校肯定有不少同学也会因为打烂了瓶胆而需要新的内胆，这可能是一个大市场啊！

说干就干，他跑到 5 公里外的市区，批发了 20 个瓶胆，然后在食堂门口摆了个摊，没想到很快就被一抢而空。

接着他又进了 80 个，很快也销售光了。

这样一来，他干劲大增，不断进货、销售，而且聘用了几个同学，帮他到周围的高校去推销。一个学期下来，他竟然赚到了 1000 元。

1000 元在 20 世纪 80 年代初可算是一笔不小的资金，当时一个学生的月消费一般才 20 多元。他成了学生中的“富翁”。从此，他走上了创业的道路，如今公司的资产已经超过 10 亿元。

杨先生的思维方式就是典型的 V 型思维方式。

“V 型思维”是我通过对许多杰出人才的思维进行研究后，总结出的全新概念。

这是一种特别值得重视的创造性思维，不论对科学发明，还是商业拓展，抑或解决其他重要问题，都具有很大价值。

“V 型思维”是一种建立在特殊思维变换——“拐弯”基础上的创造。其特征可以用一个英文字母“V”来表示。

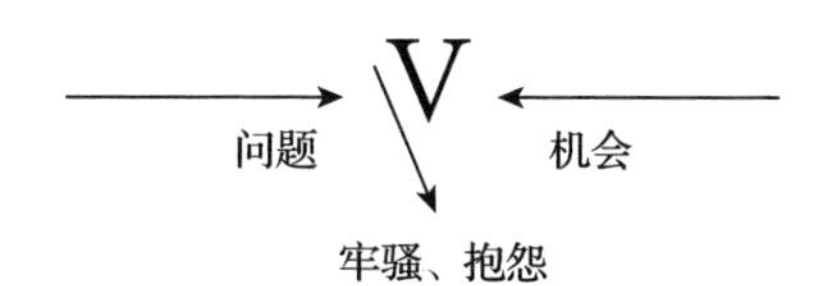

“V”这一字母，非常传神地表达了思维“拐弯”的积极含义：

左边一半，代表向下；右边一半，代表向上。

从左边的趋势来说，本应向下，但在底部却终止了，改为向上——这是一种从消极状态向积极状态的转折。

其中有三个箭头：

从左到右的第一个箭头，代表的是问题；从左上方到右下角的箭头，代表问题的延伸以及它给当事人带来了消极情绪——牢骚、抱怨。

假如受这些情绪支配，必然只有任由事情恶化，或者将该做的事情放弃。

“V”的底端，代表的是终止了牢骚、抱怨。

右边的箭头，代表不但看到了这一问题所带来的机会，而且开始积极地创造。

问题即机会法的关键，有如下几点：

1. 在问题出现时，学会尽快停止抱怨；

2. 对新的变化高度重视，自问：“不管这一变化是好是坏，在这一变化中，是否有值得我重视的新因素？”

3. 自问：新因素是否能够使我开辟新天地？是否给我带来全新的机会？

这里最重要的是要停止抱怨。

停止抱怨是进行积极转向的基础。

停止抱怨处，就是机会来临时。

二、我卖给别人的东西，就是我自己最想要的东西

V 型思维是一个人人可以成为创造者的思维。日常生活中的种种不方便，最终都可能因为这种改变，而成为一种了不起的创造。

霍华德·海德天性爱玩，对所有运动都很喜欢，但唯独害怕滑雪。倒不是他不喜欢这项运动，而是又长又笨重的滑板实在让他害怕。在一次糟糕的滑雪体验之后，他下决心一辈子不去滑雪了。

但就在回家的路上，他突然心头一动："其实我很喜欢滑雪，但由于滑板的问题，却不得不放弃这一很有意思的活动，为何不改善一下滑板呢？

"像我这样的人一定很多，假如我能发明一种轻巧方便的滑板，想必会很有市场。"

于是，他花了几年时间来改进滑板，最后一举成功，不仅自己建立了海德滑板公司销售滑板，而且还靠转让专利获利。

其中一家叫 AMF 的公司，购买他的专利后，因为生意兴隆，又赠予他 450 万美元。

这次成功，更激励了他进一步发明的愿望。

他酷爱网球，却总是打得很差，原因是网球拍用起来很不科学。后来他转念一想：既然自己感觉不科学，为何不创新一番？

于是，他将网球拍进行了多项更新，结果效果极佳，久销不衰。《世界网坛》称这是"网球史上最重大的革新"，《体育画报》称这是"网球史上最成功的革新"。

霍华德·海德的创造，是"我卖给别人的东西，就是我自己最想要的东西"思维方式的典范。

霍华德·海德发明滑板的思路分析如下：

1. 问题：由于滑板笨重不便，使我再也不敢滑雪；

2. 抱怨：见鬼，真是花钱买罪受！

3. 消极措施：再也不滑雪了，那么多好玩的项目，为何一定要选择滑雪不可？

4. 终止抱怨：也许有值得我创造的地方？

5. 认真思考。

我觉得滑板不好，值得改进。只要改进了，我就会再来滑雪。像我这样的人一定不少，如果推出改进后的滑板，必定很有市场。

6. 结论：我发现了一个别人还没有意识到的大市场！

7. 积极措施：当仁不让，我自己来进行创造！

8. 效果：霍华德·海德成了这一方面的领先创造者，并得到了最理想的创业良机！

通过这一分析，我们应该知道为何 V 型思维是一种人人都可成为创造者和创业者的思维了。其关键在于：

1. 这个问题发生在你身上，你更能感受到改善或创造的必要。

2. 一定有不少像你这样的“同类”，都有同样的需求，所以你能够看到市场的广大。

3. 由于你最先感觉到这一问题即是新的机会，所以你成了该领域理所当然的领先者！等别人想起要追赶你的时候，已经晚了。

请再一次记住 V 型思维的关键：

“我创造的东西，就是我自己最需要的东西！”

“我卖给别人的东西，就是我自己最想要的东西！”

实际上，这种依靠 V 型思维创新、创业成功的故事，在当代比比皆是。

在街边，或许你不时会看见一个著名的蛋糕店叫作好利来。

好利来的创始人是罗红。有一次，他给母亲过生日，却找不到像样的蛋糕。

于是他马上想到这是一个很好的市场，于是开了一家蛋糕店，结果成了全国有名的蛋糕连锁店。

当看到类似问题的时候，你是不是也可用 V 型思维，进行有价值的创新和创业呢？